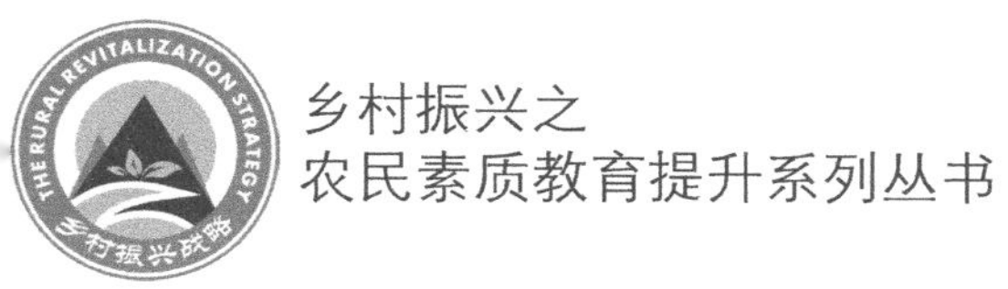

桃规模生产与经营管理

◎袁 波 熊明国 殷 曼 主编

中国农业科学技术出版社

图书在版编目（CIP）数据

桃规模生产与经营管理 / 袁波，熊明国，殷曼主编．—北京：中国农业科学技术出版社，2017.6（2019.9 重印）

乡村振兴之农民素质教育提升系列丛书

ISBN 978-7-5116-3068-1

Ⅰ.①桃…　Ⅱ.①袁…②熊…③殷…　Ⅲ.①桃-果树园艺-技术培训-教材②桃-果园管理-技术培训-教材　Ⅳ.①S662.1

中国版本图书馆 CIP 数据核字（2017）第 096213 号

责任编辑　徐　毅
责任校对　李向荣

出 版 者　中国农业科学技术出版社
北京市中关村南大街 12 号　邮编：100081
电　　话　(010)82106631(编辑室)　(010)82109702(发行部)
(010)82109709(读者服务部)
传　　真　(010)82106631
网　　址　http://www.castp.cn
经 销 者　各地新华书店
印 刷 者　廊坊市国彩印刷有限公司
开　　本　850mm×1168mm　1/32
印　　张　5.375
字　　数　130 千字
版　　次　2017 年 6 月第 1 版　2019 年 9 月第 3 次印刷
定　　价　20.00 元

《桃规模生产与经营管理》

编　委　会

主　编：袁　波　熊明国　殷　曼

副主编：向　帆　李　娜

编　委：刘　辉　李玉杰

内容简介

本书共9章，包括现代桃生产概况、桃规模生产计划与建园技术、桃规模生产土肥水管理、桃规模生产花期管理、桃规模生产果实发育期管理、桃规模生产整形修剪管理、桃规模生产病虫害管理、桃规模生产果实采收管理、桃规模生产成本核算。内容丰富、语言通俗、科学实用。本书可作为农民培训与农业技术人员培训教材，也可作为相关专业的教师、农技推广人员、工程技术人员的参考用书。

前　　言

桃树是原产于我国最古老的果树树种之一，栽培历史已有3 000多年。原先主要产自甘肃、陕西等西北黄土高原和西藏自治区等地，现在除气候严寒的黑龙江外，其他各省、市、自治区都有栽培。然而，随着栽培技术的进步，许多传统的栽培方式不再适用。如稀植栽培被密植栽培代替，三主枝开心形逐渐让位给主干形等。为了适应现代桃生产发展要求，帮助农民提高桃产业高产、优质、高效、安全生产的经营技能，特编写本书。

本书结合桃生产的基本要求，坚持方便农民、贴近生产和实际实用实效的原则进行编写。全书共 9 章，包括现代桃生产概况、桃规模生产计划与建园技术、桃规模生产土肥水管理、桃规模生产花期管理、桃规模生产果实发育期管理、桃规模生产整形修剪管理、桃规模生产病虫害管理、桃规模生产果实采收管理、桃规模生产成本核算。

在编排结构上，尽可能由浅入深，以适应农民学习规律的特点；在内容选取上，尽可能体现当前最新的实用知识与生产技术；在表达方式上，尽可能采用通俗易懂的语言，以适应农民朋友的文化水平。

由于编写时间和水平有限，书中难免存在不足之处，恳请读者朋友提出宝贵意见，以便及时修订。

编　者

目　录

第一章　现代桃生产概况

第一节　桃及其生产地位

一、桃的起源

桃原产中国，起源于我国的西部，包括西藏自治区（以下简称西藏）、四川、甘肃、陕西、新疆维吾尔自治区（以下简称新疆）等。桃在我国已有3 000年以上的栽培历史。

桃有5个种，我们通常说的桃其实是其中的一个种，即普通桃。普通桃原产甘肃和陕西。早在2 000年以前，中国的桃沿着“丝绸之路”从甘肃、新疆由中亚向西传播到波斯，再逐步传播到世界各地。世界各地桃的祖先是中国。中国对世界桃的贡献与影响是巨大的，如“上海水蜜”的输出，改变了世界桃的品种组成，提高了桃的果实品质，增强了桃的抗病性。桃已遍布全球。

二、桃的栽培意义

1. 营养丰富

桃果实柔软多汁，风味芳香，营养丰富，为老少皆宜的食用水果，桃是长寿的象征，贺卡、年画上总有老寿星手捧鲜桃。每100g鲜果肉含蛋白质0.8g，脂肪0.1g，碳水化合物10.7g，胡萝卜素0.06mg，维生素C6mg，含钙8mg，铁1.2mg，磷20mg；并含有人体不能合成的多种氨基酸，对人体具有良好的营养保健价值。

桃果除鲜食外，还可加工成糖水罐头、桃汁、桃酱、桃干、桃脯等，极大地丰富了人们的食品种类。

2. 良好的医药效能和多用途的工业原料

桃有健身益气的功效，经常食桃能润肤、养颜，有益健美。李时珍用桃仁作治血滞、风痹、寒热、产后热等处方；桃花味苦性平，有泻下通便，逐水消肿、祛痰的作用，可以用来治疗腹水、水肿、脚气、面部色素斑等症；桃叶有通便、发汗的效果；桃根皮还能治黄疸病；桃胶可调和血气、治下痢、止痛。因为，有这么多功效，所以，人们常把桃树用来避邪，祈求身体健康，合家幸福。

桃仁中含油45%，可榨取工业用油；桃壳可制活性炭，是纺织、印染、制造味精、果汁、白糖以及冶金、化工、治理污染等不可缺少的吸附净化物质。桃核还可以雕刻成精美的工艺品。

3. 美化环境、赏心悦目的观赏价值

桃树姿态优美，花形各异，色彩艳丽，可作庭院、街道、盆景等栽培。桃花可谓“艳外之艳，花中之花”，古书中描写桃花，既是春光春色的象征，又是女性青春美丽的同义词。由于桃花的美、桃果的鲜，才喻出“桃园三结义”“王母娘娘蟠桃会”，才有陶渊明的“桃花源记”，也才有了以桃为名的地方名称，如我国湖北的仙桃市、台湾的桃源县，黄山的“桃花峰”，五台山的“桃花洞”。

第二节　当前桃生产情况

一、我国桃的栽培现状

桃的适应性很强，分布广泛。在我国北起黑龙江省，南到广

东省和台湾，东自沿海各省，西到新疆、西藏，都有桃的分布。其中，栽培面积位居前5位的省份是山东、河北、河南、湖北、四川。

我国桃栽培面积自2001—2015年逐年增加。据2014年中国农业年鉴统计，2013年我国桃树的栽培面积已达76.59万 hm^2，总产量1 192.41万 t，栽培面积和产量均居世界首位，在我国仅次于苹果、梨，在落叶果树中居第三位。

一些著名的桃品种如肥城桃、上海水蜜、奉化玉露等享誉全世界，随着大量桃、油桃新品种的育成与推广，我国桃树的生产得到突飞猛进的发展，涌现出一批远近闻名的“桃乡”或油桃基地，如北京平谷、上海南汇、成都龙泉驿、安徽砀山、河北乐亭等，对振兴区域经济也起到了举足轻重的作用。

当前，我国正在大力调整农村种植业结构，发展高效农业，增加农民收入，桃树作为高效种植业之一，必将面临良好的发展机遇，前景十分广阔。

二、我国桃生产中存在的问题

1. 苗木市场混乱

我国桃品种数量众多，一方面目前可检索到的桃品种共有1 000多个，其中，地方品种500多个，育成品种500个，未正式命名、更名、多名品种不可胜数，造成苗木市场品种杂乱；另一方面，桃树品种苗木繁育技术简单，技术门槛低，造成育苗户泛滥成灾，大大小小的育苗单位、组织或个体户遍地开花层出不穷，其对桃苗木市场的恶劣影响表现为：①老品种更名变身为新品种，以次充好；②编造品种代号进行误导；③随意编造“优系”“芽变”品种，欺骗种植户；④自命名某某果树研究所冒充科研单位，或号称与科研单位合作，借机盈利；⑤用普通桃做砧木，成本低廉，低价销售。

以上行为严重扰乱市场，往往造成品种杂乱、低质、同质化严重，易引发桃苗及桃果的恶性竞争。

2. 管理观念落后，滥用除草剂

受传统管理观念影响，处理杂草的方式一般为人工除草或除草剂除草。随着农作物除草剂的广泛应用，桃园应用除草剂造成严重危害的案例层出不穷，受除草剂危害的桃树果实偏小，品质下降。

3. 化肥多灌水多，产量高、品质低

目前，我国桃园普遍存在有机肥施用量不足，化肥施用量偏多的问题，使用化肥的同时，增加灌溉，造成前期桃树旺长，修剪量大，后期大量喷施生长调节剂，坐果率高，产量高，但品质低。因此，我国桃市场普遍存在低质果充斥市场的现象。

4. 规模化桃园管理方式尚需改善

近几年，受土地流转政策影响，越来越多的企业及大种植户参与桃生产，出现越来越多的规模化桃园，目前主要存在3种形式：一是企业或大种植户；二是农民专业合作社；三是一村一品、一乡一品。其中，企业或大种植户模式存在一些亟待解决的问题。

（1）企业或大种植户往往由其他行业转业而来，缺乏桃树管理专业知识，在田间管理方面缺乏经验，偏听偏信，聘用的技术人员缺乏管理大规模桃园的经验。

（2）管理成本高，不注意节约劳动力用工。农民专业合作社目前正处于摸索发展阶段，多数专业合作社能够实现生产与管理的合作，缺乏产后销售的合作，专业合作社的发展还需要探索及示范引导。而一村一品、一乡一品效果最好，不但能发挥一家一户的积极性，而且乡镇或村重视地方名片的宣传及基础设施建设，既有各级政府的政策及财政支持，又有一家一户的积极配合，能够充分发挥生产效率，提高收益。

5. 贮藏与加工产业落后

随着桃产业规模的逐步扩大，规模化桃园的逐年增加，桃果销售问题日趋严重，作为鲜桃市场的后盾，贮藏与加工产业目前仍需大力发展。当前，桃鲜果贮藏问题尚未解决，冷藏后往往出现病果率高和品质下降问题，加工企业只采购加工专用品种，缺乏普通桃的加工产品，难以成为普通桃的后盾力量。

第三节　桃的生产发展前景

一、白肉水蜜桃仍占主流

在我国桃的栽培中白肉水蜜桃占 70% 以上。现在市场上主要是肥城桃、五月鲜、春蕾、雨花露、砂子早生、白凤、大久保等。由于受果实风味、丰产性、贮运性、栽培面积等诸多因素的影响，这些品种近年的市场价格大幅度下降。随着一些新品种的推出，目前，建园主要选用果实较大、果形正、外观美、品质优、插空补缺的优良品种，如早熟的安农水蜜、春艳美香；中熟的新川中岛、红甘露、早凤王；晚熟的莱山蜜、大果黑桃、冬宝等。

二、蟠桃走俏市场

近几年毛蟠桃、油蟠桃均培育出一批新品种，如早露蟠、瑞蟠、美国紫蟠等市场售价高，效益可观。由于这些品种目前仍处于起步阶段，尚没有规模化栽植，有较大的发展空间（图 1 – 1）。

三、油桃发展迅猛

20 世纪 80 年代初，我国油桃品种主要从国外引进，如五月火、早红 2 号、丽格兰特等。由于这些品种普遍口味偏酸，已不

图1-1　蟠桃

宜再继续发展。1995年以后推出的甜油桃品系，如华光、曙光、艳光、早红珠、早丰甜、丹墨、红珊瑚、早红宝石、千年红、丽春等，表现出高产、外观美、品质佳等优点，显示出较好的市场前景。

四、观赏桃花成为早春的佼佼者

桃树以其花色繁多，枝叶百态的特点，成为主要的观赏树种之一。北京、成都等许多城市在早春桃花盛开的季节举行盛大的桃花节，东南沿海桃花更是备受青睐。观赏、鲜食于一体的品种在观光果园中更受重视。尤其通过促早栽培，使桃花在春节上市，效益极高。如种植迎春、探春、惜春、满天红、寿星桃等，春节上市，可以卖到30~200元/盆不等（图1-2）。

五、波动不稳的加工桃

20世纪80年代，我国的加工桃获得了很大发展。1987年，我国黄桃种植面积39.8万亩（1亩=666.7m^2，下同），占全部桃栽培面积的1/3之多，糖水桃罐头出口、内销两旺，获得了显著的经济和社会效益。1989年前后，由于罐头加工业不景气等

图 1－2　观赏桃花

多种原因，现在加工桃品种的栽植所剩无几。随着人们生活水平的提高和国际市场的开发，加工制罐、制汁、制酱、制片等逐步兴起。但由于面积小，罐头厂的收购价最高达 3 元/kg。这里建议适宜地区和加工厂建立供需关系，选择优良配套品种，发展规模型基地，但不要一哄而上。

第二章 桃规模生产计划与建园技术

第一节 生长特性与栽培模式

桃属于落叶果树，小乔木。生长快，一年可抽生二次枝、三次枝，成花很容易。过去有“桃三杏四梨五年”的说法，现在通过先进的栽培技术，第二年就可以实现丰产。一般经济寿命15年左右。

一、桃树的主要器官

1. 根系

桃为浅根性果树，根系集中分布在地表下0～40cm的地方，水平分布以树干为中心，集中在树冠垂直投影的边缘。所以，施肥挖沟时，应在树冠外围，深度为50cm左右。

桃根系呼吸旺盛，要求通透性良好的土壤，短期积水影响桃树生长，积水超过24小时以上，可能会出现黄化、落叶，甚至死亡。所以，桃树应种在地下水位较低，排水良好的地块。

2. 枝芽

桃树的一年生枝按发育状况不同分为营养枝和结果枝。结果枝按长度又可以分为徒长性结果枝、长果枝、中果枝、短果枝和花束状结果枝，一般品种以中、长果枝结果为主。北方品种群的中、短果枝比例大。

桃树的芽分为叶芽和花芽2种。花芽为纯花芽，只开花不抽

枝。在枝条的基部常有育芽出现，只有叶痕，而无芽体。

新梢生长的快慢与品种、树龄、栽植密度、管理水平密切相关。过强的树势，偏施氮肥和大量浇水，修剪过度常会引起枝条徒长，树冠郁闭，通风透光条件恶化，影响光合作用和养分的合理分配，致使花芽分化不良，落花落果，果实风味变淡，病虫害加重。所以，要加强土肥水管理，合理整形修剪，促进枝条的良好发育。

3. 叶和花

叶是光合作用制造有机养分的工厂。叶片的大小和厚度取决于光照、温度、水分、CO_2 和矿质营养，良好的营养才能枝繁叶茂，才能取得高产。

桃花有 2 种，一种叫蔷薇型又称大花型；另一种叫铃型又称小花型。桃的多数品种能自花授粉，但一部分品种花粉不育，所以，对于没有花粉的品种必须配置授粉树。

4. 果实

桃的果实为核果。我们食用的果肉是桃的中果皮，核为内果皮。桃果实采收后呼吸旺盛，种仁也消耗很多养分，所以，相对不耐贮藏。

桃分为毛桃、油桃、蟠桃；按肉色分为白肉桃、黄肉桃、红肉桃；按用途分为生食桃、加工桃、观赏桃。

二、桃树的生物学年龄时期

1. 幼树期

幼树期是指树龄 1 ~ 3 年生。此期的主要目的是促使桃树成形，形成稳定的树架结构，为开花结果打好基础。

2. 盛果初期

2 ~ 4 年生，生长发育和结果同时进行，树形基本成型，已具有一定的经济产量。

3. 盛果期

3～15 年生，达到一定的经济产量并保持相对稳定，此期树相整齐，产量高、质量好，经济效益显著期。

4. 衰老期

一般指树龄 15 年以上，此期树势开始衰弱，树冠残缺不齐，树冠内膛光秃，产量明显下降，果实品质差，无经济栽培意义。

三、桃树的年生长周期

1. 生长期

3—11 月，积累养分，开花结果，促进发育。

2. 休眠期

11 月至翌年 3 月，此期养分回流，停止生长，树体进入越冬状态。

四、桃树的主要物候期

1. 叶芽膨大期

鳞片开始分离，其间露出浅色痕迹。表明树体随温度升高，已经开始活动了。

2. 始花期

5% 的花朵开放。表明已开始授粉。

3. 初花期

25% 的花朵开放。表明大量花朵开始授粉，是将来产量的主要部分。

4. 末花期

75% 的花瓣变色，开始落瓣。表明花的授粉期已过，幼果开始膨大。

5. 展叶期

第一枚叶片平铺展开，表明已开始进行光合作用。

6. 枝条开始生长期

叶片分开，节间明显，表明枝条已开始生长。

7. 果实成熟期

树上25%的果实成熟，表明开始大量采收。

8. 大量落叶期

25%的叶片落掉，表明气温已明显下降，树体即将进入休眠。

9. 落叶终止期

落掉最后部分叶片，表明已进入休眠。

五、桃树对环境条件的要求

桃树对环境条件要求不太严格，在我国除极热及极冷地区外都有种植，但以冷凉、温和的气候条件生长最佳。

1. 光照

桃的原产地海拔高，光照强，形成了喜光的特性。其表现为干性弱，树冠小而稀疏，叶片狭长。桃树对光反应敏感，光照不良同化作用产物明显减少。据试验，树内光透过率低于40%时光合产物非常低下。光照不足枝叶徒长而虚弱，花芽分化少，质量差，落花落果严重，果实着色少，果实品质差，小枝易于死亡，树冠内部易于秃裸。因此，栽培上必须合理密植，采用开心形，进行生长季修剪，以创造通风透光的条件。

2. 温度

桃树为喜温树种。一般南方品种以12～17℃，北方品种以8～14℃的年平均温度为适宜。地上部发育的温度为18～23℃，新梢生长的适温为25℃左右。花期20～25℃，果实成熟期25℃左右。桃树在冬季需要一定的低温才能完成自然休眠，实现正常开花结果。通常以7.2℃以下的小时数计算。称为需冷量。桃树的需冷量因品种不同而差异很大，一般在600～1 200小时。

桃在休眠期对低温的耐受力较强，一般品种在 -25 ~ -22℃时才发生冻害，有些品种甚至能耐 -30℃的低温。但处于不同发育阶段的同一器官，其抵抗低温的能力也不一样。花芽在自然休眠期对低温的抵抗能力最强，萌动后的花蕾在 -6.6 ~ -1.7℃受冻害，花期和幼果期受冻温度分别为 -2 ~ -1℃和 -1.1℃。

桃的果实成熟以温度高而干旱的气候对提高果实品质有利。

3. 湿度

桃树呼吸旺盛，因此，不耐水淹，排水不良或地下水位高的桃园短期积水就会引起叶片黄化、落叶，甚至死亡。因此，桃树应种在地下水位较低且排水良好的地方。桃在整个生育期中，只有满足水分供应才能正常生长发育。适当的空气湿度可使果面免遭紫外线照射，色泽更为鲜艳。土壤水分不足，会造成根系生长缓慢，叶片卷曲，果小甚至脱落。在保护地和高密栽培时，适度干旱能够控制树冠大小，有利于成花。

4. 土壤

桃树较耐干旱，忌湿怕涝。根系好氧性强，适宜于土质疏松，排水通畅，地下水位较低的砂质壤土。黏重土或过于肥沃的土壤上易徒长，易患流胶病和颈腐病。在土壤黏重湿度过大时，由于根的呼吸不畅常造成根死树亡现象。

桃树对土壤的 pH 值适应性较广，一般微酸或微碱土中都能栽培，pH 值在 4.5 以下和 7.5 以上时生长不良。盐碱地含盐量超过 0.28% 桃树生长不良，植株易缺铁失绿，患黄叶病。在黏重的土壤或盐碱地栽培，应选用抗性强的砧木。

5. 肥料

桃树正常生长结果需要氮、磷、钾、钙、镁、硫、铁、锰、硼、锌、铜、钼、氯、镍 14 种必需矿质元素与硅等有益元素，树龄不同，桃树的需肥特性不同。幼年和初果期树，易出现因氮素过多而徒长和延迟结果，要注意适当控制氮素，适当增加磷肥

促进根系发育，氮、磷（P_2O_5）、钾（K_2O）可以按1:1:1的比例供应。盛果期桃需钾量显著增加，每生产桃果100kg约需吸收0.46kg氮、0.29kg磷（P_2O_5）、0.74kg钾（K_2O），施肥时可以参考上述数据，并根据土壤分析、植株诊断与肥料的利用率确定施肥的数量与比例。

六、桃树的栽培模式

1. 露地栽培模式

露地栽培模式是指完全在自然气候条件下，不加任何保护的栽培形式。露地栽培具有投入少、设备简单、生产程序简便等优点，是桃树生产、栽培中常用的形式。露地栽培的缺点是产品质量不稳定，产量较低，抗御自然灾害的能力较弱。

2. 保护地栽培模式

桃树保护地栽培是在外界环境条件下不适宜桃树生长的季节，利用人为的特制设施（温室、大棚等），通过人工调控果树生长和发育的环境因子（包括光照、温度、水分、二氧化碳、土壤条件等）而生产鲜桃的一种特殊栽培方式。可分为促早、延迟、避雨3种模式（图2-1）。

图2-1　桃树保护地栽培

（1）促早栽培模式。利用设施和管理，尽快使桃树进入休眠，或缩短休眠时间，再创造适宜于桃树生长、发育的光、热、水等环境条件，促其早发芽，早结果，早成熟，早上市。这是目前最常见的保护地栽培方式，品种以极早熟、早熟品种为主，在达到低温需冷量以后，即可扣棚升温，扣棚越早，成熟上市越早，可以从 3 月初上市，直到 5 月底都可以供应市场，此时，正值鲜果淡季，有广大的市场份额。促早栽培，当年定植、当年成形、当年成花、次年丰产，并且在人工控制条件下，病虫害较轻，使用农药量较少，可以最大限度地减少污染，生产绿色果品。

（2）延迟栽培模式。通过遮阴、降温等措施延迟桃树发芽、开花、果实膨大，进而推迟果实成熟，或在早霜来临较早的地区，通过设施避开霜害，为果实发育创造适宜的条件，达到淡季上市的目的。适用于北方高纬度地区，品种以果实发育期 120 天以上的晚熟、极晚熟品种为主。主要方法是春季露地桃树萌动之前，采取遮阴降温、冰墙降温、空调降温、化学药剂处理等措施使桃树仍处于低温休眠状态，从而达到延迟发芽开花、延迟成熟的目的；或在桃果硬核后，通过适量降低温度，延长滞育期，拉长果实发育天数。

（3）避雨栽培模式。适用于南方多雨或海洋性气候地区，主要目的是避雨，提高桃果品质。桃树避雨栽培在我国台湾地区应用较多。中国台湾地区，每年冬春之际即进入雨季，从水蜜桃萌芽前的 2 月覆膜到 8 月果实成熟后除膜，隔离了全年 75% 的降水量，对桃树生长危害极大的桃缩叶病和细菌性穿孔病几乎绝迹，这样，才能保证桃树的正常生长结果。

3. 起垄栽培模式

桃树的生长，不耐涝，对阳光和日照的要求比较高，对于土壤的质量以及透气性能也有所要求。

桃树起垄栽培模式（图2－2）能够增加活土层厚度，集中土壤有效养分。既有利于节水灌溉，促进桃树根系更好的生长，又能有效防止涝害。桃树苗木定植前，一般按照上部宽1～1.2m，下部宽2m，高30cm左右的标准起垄，垄上作畦，畦内栽树。

图2－2　桃树起垄栽培

4. 地膜覆盖模式

地膜覆盖是湿度管理的主要工作。覆盖地膜的时间一般在桃树开花前，主要目的是降低棚内空气湿度，有利于桃花散粉。地膜采用黑膜和白膜均可，效果相当，区别在于黑膜盖后不生杂草。撤膜时间为硬核期。在桃硬核后需要施肥浇水时撤膜，撤膜后不能再覆。

第二节　品种选择

一、桃树优良品种

根据果实成熟期可分为极早熟（从开花至果实成熟的天数在65天左右）、早熟（果实发育期65～90天）、中熟（果实发育期

91～120天）、晚熟（果实发育期121～150天）和极晚熟（果实发育期150天以上）。根据用途和果实特征，桃的优良品种可以分为水蜜桃、油桃、蟠桃、加工桃、观赏桃等。

（一）水蜜桃

水蜜桃指一般鲜食桃，也称普通桃。早熟品种有早美、春艳、春蜜、早霞露、春花、京春、霞晖1号、春美、春雪、雪雨露、秦捷、日川白凤、砂子早生、早凤王、锦香等；中熟品种有霞晖5号、早玉、仓方早生、霞晖6号、湖景蜜露、大久保、川中岛白桃、有名白桃等；晚熟品种有华玉、燕红、八月脆、锦绣、晚湖景、晚蜜、秦王等。

主要优良品种介绍如下。

1. 早美

早美由北京农林科学院林果所育成。果实近圆形，平均单果重97g，最大果重168g。果皮底色黄白色，果面1/2至全面着玫瑰红色细点或晕，色泽艳丽，果皮不易剥离。果肉白色，硬溶质，完熟后汁多，味甜，风味浓，无涩味，可溶性固形物含量9.5%。

该品种树势强健，树姿半开张，成枝力强，枝条较细，坐果率高，丰产性好。应适时采收，过迟风味变淡，影响品质。

我国广大桃产区，尤其是土质肥沃、灌溉条件好的地区种植，也适宜北方保护地温室大棚栽培。在北京地区6月上旬成熟，在南京地区5月下旬成熟。

2. 早红露

早红露由江苏省农科院园艺所育成。6月上旬成熟，果实圆整，平均果重130g，大果重159g。硬溶质，着色良好，风味甜，黏核。主要优点为外观美丽，较耐贮放，可以留树1周。

适宜江苏省桃产区种植。在南京地区，一般年份2月下旬或3月上旬开始萌动，3月底开花，花期持续5～7天。6月上旬成

熟，果实生育期66天左右。果实留树时间较长，采摘期1周左右。10月下旬开始落叶，11月中旬落叶终止，全年生育期254天（图2-3）。

图2-3　早红露

3. 春蜜

春蜜由中国农业科学院郑州果树所育成。果实近圆形，单果重146~255g；果皮底色乳白，成熟后整个果面着鲜红色；果肉白色，硬溶质，风味浓甜，品质优。成熟后不易变软，耐贮运。适宜郑州地区种植。郑州地区6月初成熟，果实发育期60—65天。

4. 春美

春美由中国农业科学院郑州果树所育成。果实近圆形，平均果重172g，大果250g以上；果皮底色乳白，成熟后果面着鲜红色；果肉白色，硬溶质，风味浓甜。成熟后不易变软，耐贮运。适宜郑州地区种植。郑州地区6月12日左右成熟，果实发育期70天左右（图2-4）。

5. 春雪

春雪由山东省果树研究所1998年引进筛选的美国早熟红色品种。成熟期早，果实生长发育期72天；果实圆形，平均果重

图 2－4　春美

150g；果面全红至深红色，果肉白色，肉质硬脆，纤维少；风味甜，爽口；黏核；可采期长。该品种适应性强，抗病虫能力较强。

6. 早凤王

早凤王果实近圆形，平均单果重 300g，最大单果重 620g。果皮底色乳白色，果面深粉红色，果肉白色，夹带红丝，肉质致密，耐贮放，常温下可放置 5～7 天，味甜少酸，口感好。

7. 霞晖 5 号

霞晖 5 号由江苏省农科院园艺所育成。早中熟水蜜桃。南京地区 7 月初果实成熟。果形圆整，平均果重 160g，大果重 200g；风味甜，黏核。

8. 新白凤

新白凤是从阳山水蜜桃生产园中选出。无锡地区 7 月上中旬成熟。果实长圆形，平均果重 200g，最大果重 450g；果皮底色乳白色，果面着红色；硬溶质，风味甜，香气浓，黏核。品质优良，丰产性、耐贮性均好（图 2－5）。

图 2－5　新白凤

9. 湖景蜜露

湖景蜜露果实圆形，平均果重 160g，最大果重 233g。果皮底色乳黄色，果面着玫瑰红霞，外观美丽。果肉乳白色，肉质致密，纤维中多，风味甜，有香气，黏核。果实 7 月中旬成熟。

10. 大团蜜露

大团蜜露由上海南汇主栽品种。南京地区 7 月下旬成熟，果实近圆形，平均果重 209g，大果重 240g，果皮乳黄色，有玫瑰色条纹晕，果肉白色，肉质细而致密，风味甜浓。无花粉。

11. 川中岛白桃

川中岛白桃为日本品种。果实于 8 月初成熟，圆形略扁，整齐度好，果个大小中等，平均果重 188g，大果 260g，风味甜，可溶性固形物含量 12.5%。其最大的优点是肉质致密，耐贮性好，无花粉。

12. 大久保桃

大久保桃原产日本。树势中庸，树姿开张，花芽节位低，复花芽多，花粉多，丰产性良好；结果后要注意抬高角度。

果实近圆形，平均单果重204.0g，果径为6.92cm×7.01cm×7.60cm；果顶圆微凹，缝合线浅较明显，两侧较对称，果形整齐，茸毛中等；果皮浅黄绿色，阳面乃至全果着红色条纹，易剥离；果肉乳白色，阳面有红色，近核处红色，肉质致密柔软，汁液多，纤维少风味甜，有香气，离核。

采收期在7月底至8月初。此品种品质极佳，多年来，一直是北京地区的主栽品种之一。

13. 晚蜜

晚蜜由北京农林科学院林果所育成。平均果重230g，大果重420g。果肉白色，果肉白色，硬溶质，风味浓甜，黏核。北京地区9月底成熟，果实发育期165天左右。有花粉。

14. 华玉

华玉树势中庸，树姿半开张，一年生枝阳面红褐色，背面绿色。平均单果重270g，大果重400g。果实近圆形，果顶圆平，缝合线浅，梗洼深度和宽度中等。果皮底色为黄白色，果面1/2以上着玫瑰红色或紫红色晕，外观鲜艳，茸毛中等。果皮中等厚，不易剥离。果肉白色，皮下无红，近核处有少量红色。肉质硬，细而致密，汁液中等，纤维少，风味甜浓，有香气，不褐变，耐贮运。核较小，鲜核重为8.0g，占果重的2.96%，离核。

适宜北京地区种植。北京地区一般3月下旬萌芽，4月中旬盛花，花期1周左右。4月下旬展叶，5月上旬抽梢，8月中下旬果实成熟。果实发育期125天左右。10月中下旬落叶，生育期210天左右。

（二）油桃

油桃就是果实无茸毛的桃。早熟品种有中油桃11号、千年红、紫金红1号、金山早红、曙光、艳光、玫瑰红、中油系列、瑞光系列等；中熟品种有瑞光美玉、瑞光28号、瑞光18号、双喜红、中油系列、早红2号等；晚熟品种有中油桃8号、晴

朗等。

主要优良品种介绍如下。

1. 瑞光5号

瑞光5号果实呈现短椭圆形，果顶圆，缝合线浅，两侧较对称，果形整齐。果皮底色黄白，果面着紫红或玫瑰红色点或晕，不易剥离。果肉白色，肉质细，硬溶质，味甜，风味较浓。果实发育期85天左右，一般在7月上中旬采收。在北京地区基本是7月8—15日成熟。瑞光5号是优良的早熟油桃品种，果个大且圆整，风味甜，丰产。多雨年份有少量裂果（图2-6）。

图2-6　瑞光5号

瑞光5号主要集中在北京和山东、河北地区有种植。

2. 瑞光7号

瑞光7号由北京市农林科学院林果所杂交育成。果实近圆形，果皮底色淡绿或黄白，果面1/2至全面着紫红或玫瑰红色点或晕，不易剥离，肉质细，味甜或酸甜适中，耐运输。果实的发育期为90天左右，在7月中旬采收，北京地区7月13—20日成熟。该品种为优良的早中熟油桃品种，果个大，果面红，肉质硬，风味浓，丰产。不足之处是果面光泽度不够。

瑞光7号在北京、河北、辽宁等地有栽培。

3. 瑞光 11 号

瑞光 11 号是北京市农林科学院林果所杂交育成。品种特性：果实短椭圆形或近圆形。果顶圆，缝合线浅，两侧较对称，果形整齐。果皮底色黄白，果面 1/2 着紫红或玫瑰红色点或晕，不易剥离。果肉白色，肉质细，成熟后软且多汁，为硬溶质，味甜，风味较浓，黏核，完熟时为半离核。果实发育期相比较长，需要 107 天左右，要到 7 月底才能采收。该品种为优良的中熟油桃品种，果个大且圆整，风味甜，丰产。多雨年份有少量裂果。

4. 华光油桃

华光油桃果实近圆形，平均单果重 80g 左右，最大可达 120g 以上，比瑞光系列要相对小个。果实表面光滑无毛，80% 果面着玫瑰红色，改善光照条件则可全面着色，果皮中厚，不易剥离，果肉乳白色，软溶质，汁多，黏核。果实发育期 60 天左右，郑州地区 6 月初成熟，果实发育后期雨水偏多时，有轻度裂果现象。

5. 艳光油桃

艳光油桃属早熟品种，白肉甜油桃。果实椭圆形，平均单果重 105g 左右，最大可达 150g 以上，表面光滑无毛，80% 果面着玫瑰红色，果皮中厚，不易剥离，果肉乳白色，软溶质，汁液丰富，纤维中等，黏核。果实发育期 70 天左右，郑州地区 6 月 10—12 日成熟。

艳光油桃在黄河故道、环渤海湾地区栽培。

6. 曙光油桃

该品种为极早熟黄肉甜油桃，果实近圆形，平均单果重 90g 左右，最大可达 170g 以上，表面光滑无毛，外观艳丽，果面全面着鲜红色或紫红色，果肉黄色，硬溶质，纤维中等，风味甜，有香气，黏核。果实发育期 65 天左右，玉溪地区 4 月中旬成熟，属特早熟品种。

7. 瑞光 18 号

瑞光 18 号属中熟甜油桃新品系。果实短椭圆形，平均单果重 159g，大果重 210g。果顶圆，缝合线浅，两侧较对称，果形整齐。果皮底色黄，果面近全面着紫红色晕，不易剥离。果肉为黄色，肉质细韧，硬溶质，耐运输，味甜，黏核。北京地区 7 月底成熟，极丰产。在北方地区广有种植。

8. 瑞光 19 号

瑞光 19 号属中熟甜油桃新品系。果实近圆形，平均单果重 133g，大果重 154g。果顶圆，缝合线浅，两侧对称，果形整齐。果皮底色黄白，果面近全面着玫瑰红色晕，不易剥离。果肉白色，肉质细，硬溶质，味甜，半离核。北京地区每年的 7 月 26 日成熟，丰产。

9. 未来 1 号

未来 1 号是最新选育的极早熟黄肉甜油桃新品种。单果重 200g，最大 300g。果面亮丽，全面着浓红色，内膛树下果也能全红。果形长圆形，果尖明显，很像仙桃，特别好看。果实生育期 60 天左右；铃形花，花粉多；自花结实力强，极丰产。果实硬度极大，近乎不溶质，果实成熟到最后，只是慢慢的收缩。虽然是甜油桃，但桃味浓郁，特别好吃；果实含糖量 15%，完全成熟时糖度明显增加，最高含糖量可达到 21. 6°。

10. 枣油桃

枣油桃由山东省科技厅专家鉴定、审定，是目前国内外独一无二有大枣味的油桃新品种。平均单果重 50g，果全红，内模果也百分之百着鲜红色。果肉白，硬溶质，离核，核小，不裂果。口感纯正，浓香浓甜，果实含糖量 20%，有冰糖大枣味，吃了该桃再吃别的桃淡而无味，百人品尝，百人夸奖，回味无穷，绝无仅有，无与伦比，售价极高，极易获高效。易成花，坐果率高，果实成串，极丰产。山东莒县 8 月上旬成熟，采收到 8 月 20

日。国内南北区域试验表现性状稳定，超常优秀，出类拔萃，市场竞争力极强。2008 年果品投放市场，大受消费者认可，超市卖价每千克 40 元。枣油桃在 2008 年中国优质农产品挑战吉尼斯世纪纪录并荣获月度冠军奖（图 2－7）。

图 2－7　枣油桃

11. 中油 16 号

中油桃 16 号是中国农业科学院郑州果树研究所桃育种课题组经过多年努力培育而成的新一代甜油桃品种，永不变软，综合性状优异。该品种在郑州地区成熟期为 6 月中下旬，果实发育期 80 天，平均果重 165～267g，果肉白色，脆甜，外观全部着粉红或鲜红色，极为美观。自花结实，极丰产，极耐储运，适合建大型生产基地，远距离运销。

江苏省淮河以南、安徽省淮河以南、浙江省、上海市的冬油菜主产区。

12. 冰糖蜜油桃

冰糖蜜油桃是最新育成的特甜油桃新品种。单果重 120g，中型果；果面全红；黄肉，硬溶质，口感极佳，蜜甜，果实含糖量 18% 以上，最高可达 25°；6 月下旬成熟。甜油桃育种的重大突

破，解决了油桃不甜味淡的难题，是目前最甜的油桃品种。

（三）蟠桃

蟠桃指扁平似磨盘状的桃。早熟品种有早露蟠桃、瑞蟠 14 号、蟠桃皇后、早黄蟠桃、贵妃红；中熟品种有早魁蜜、瑞蟠 3 号、瑞蟠 17 号、瑞蟠 22 号、美国红蟠桃、农神、银河、124 蟠桃；晚熟品种有瑞蟠 4 号、瑞蟠 21 号、碧霞蟠桃。

主要优良品种介绍如下。

1. 早露蟠

早露蟠果实在黄淮地区 6 月初成熟，果形扁圆，平均单果重 140g，大果重 216g，在早熟蟠桃中果个较大。果皮黄白色，着玫瑰红晕。果肉乳白色，可溶性固形物的含量为 12%，比同期成熟的普通早熟桃要甜。该品种当年栽培次年株产可达6～8kg，效益佳。生产上要强化疏果，确保果个均匀、硕大。

2. 早硕蜜

早硕蜜果实在黄淮地区 5 月底成熟，比早露蟠早 3—4 天，平均单果重 95g。果皮黄白色，着玫瑰红色。果肉乳白，可溶性固形物含量为 11%，味甜。该品种在生产上一般与早露蟠搭配栽培，互为授粉树。

3. 早油蟠

早油蟠是从国外引进的油蟠桃品种，在黄淮地区 6 月中旬成熟。果形扁圆，平均单果重 96g，果皮全面着鲜红色。果肉黄色，可溶性固形物含量为 12%。

4. 瑞蟠 1 号

瑞蟠 1 号属大果型早熟蟠桃品种，在黄淮地区 6 月底成熟，平均单果重 150g，大果重 220g。果形扁圆，果皮底色黄白，果面着玫瑰红晕。果肉乳白，硬溶质，可溶性固形物含量为 14%，味香甜。

5. 蟠桃 4 号

蟠桃 4 号是瑞蟠系列中成熟期最晚的品种。果实在黄淮地区 9 月初成熟，果个大，平均单果重 221g。可溶性固形物含量为 16%，味浓甜。早果丰产，耐储运。

6. 仲秋蟠

仲秋蟠属中国传统的优良晚熟蟠桃品种，果实在黄淮地区 9 月底成熟，正赶上中秋节上市。果实扁圆端正，平均单果重 175g，果面着红晕。可溶性固形物含量为 16.8%，味浓甜。从 9 月中旬到 10 月中旬可陆续采收。

7. 巨蟠

巨蟠属特大果型蟠桃品种，鲜果在黄淮地区 8 月中旬成熟上市，平均单果重 320g。果皮底色黄白，果面着鲜红色，可溶性固形物含量为 14.5%，味甜，香味浓。

8. 美国红蟠桃

美国红蟠桃是蟠桃品种中表现优的品种，20 世纪 90 年代我国许多地区开始广泛栽培。该桃平均单果质量 185g，大质量 400g，果实扁平，果面 100% 着艳红色，内膛果也能全面着色，鲜红夺目。可溶性固形物 14.2%，味特甜，果核小，离核，无采前落果现象，抗裂果，即使遇长期阴雨亦不裂果。采用适当的保鲜方法，可延长其供应期，提高经济效益。

(四) 加工桃

加工桃指专用的罐头桃、制汁桃。

主要优良品种介绍如下。

1. 金童 9 号

金童 9 号为美国新泽西州培育的金童系列品种。果实圆形，果顶平圆，平均单果重 160g，大果重 210g。缝合线中深，明显，两半部对称。果实橙黄色，阳面有暗红晕。果肉橙黄色，不溶质，果汁少，风味甜酸，有香气，含可溶性固形物 12%，黏核。

在鲁中山区9月初成熟，加工性能优良。树姿半开张，树势中强，萌芽率和成枝力均高。以长中果枝结果为主。丰产，适应性强，坐果率高，应严格疏花疏果增大果个。

2. 金童6号

金童6号原产于美国，1974年引入我国。果实近圆形，平均果重160g。大果重280g。果顶圆，两半部较对称。缝合线明显。较深。果皮金黄色，不易剥离，全果有暗红色晕分布。果肉橙黄色，汁液中等，风味甜酸适中，具香气，含可溶性固形物10%～13%。黏核。在河南省郑州地区7月底至8月中旬成熟。树势中强，树姿半开张，萌芽力、发枝力均强，以中长果枝结果为主。花芽起始节位较高，为3～4节，单复花芽比例相近，花粉量多，丰产。适应性强，抗旱、抗寒。

3. 金童7号

金童7号原产于美国，1974年引入我国。果实特大，平均果重181g，大果重250g。果实近圆形，果顶圆或有小突尖，两半部较对称。缝合线宽，浅而明显。果皮底色橙黄，果面大部分着红晕。果肉橙黄色，腹部稍着红晕，近核处无红色或微显红色，肉质为不溶质，香气中等，汁液较少，味酸多甜少，含可溶性固形物11%～13%，黏核。耐贮运。在山东省泰安市8月中旬成熟。树势中稍强，树姿半开张。发枝力中等，各类果枝均能结果，以中长果枝结果为主，自花结实，丰产性较好。喜光性强，如果管理不善，结果部位易外移。适应性强，抗寒性较强。对缩叶病及细菌性穿孔病敏感。

4. 黄金桃

黄金桃为国外品种。果实近圆形，果顶圆，尖微凹。平均单果重150g，大果重200g，缝合线宽、浅，梗洼中深。果实金黄色，阳面着玫瑰红晕，皮较薄，可以剥离。果肉黄色，质细，柔软多汁，味甜，有香气，含可溶性固形物12.4%，品质上乘，黏核。在鲁中山区8月中下旬成熟，为品质优良的中晚熟黄肉鲜食、加工兼用品种。树势中庸，萌芽率高，成枝力中等。长、中、短果枝结果均好。花粉败育，需配置授粉树。适应性强，抗旱、抗寒、怕涝。

5. 金皇后桃

金皇后桃为新西兰育成，山东省果树研究所从澳大利亚引入。该品种果实较大，平均单果重125g。果实近圆形，两半部较对称。果皮金黄色，果肉橙黄色，肉质为不溶质，汁液较少，含糖量极高，可溶性固形物含量15%左右。在山东省泰安市9月下旬成熟，耐贮运，为理想的鲜食加工兼用品种。幼树生长旺盛，树姿较直立，结果后树势中庸健壮，树姿开张。各类果枝均能结果，以中长果枝结果为主，结果早，丰产性好。适应性与抗逆性强（图2－8）。

图2－8　金皇后桃

（五）观赏桃

观赏桃是用来观花赏叶看果的桃。

主要优良品种介绍如下。

1. 探春

探春由中国农业科学院郑州果树研究所 1996 年用迎春 × 白花山碧桃杂交培育而成。

郑州地区花蕾现蕾期 3 月上旬，始花期 3 月 10 日，盛花终期 3 月底，开花持续天数 20 天以上。花重瓣，牡丹型，花蕾红色，花朵粉红色，花径 4.4cm，花瓣 4～6 轮，花瓣数 22，花药橘红色，有香味。需冷量仅为 400 小时。

探春是目前我国需冷量最低的粉红色、重瓣桃花品种，花期较普通碧桃提早 20 天左右。

2. 报春

报春由中国农业科学院郑州果树研究所用满天红 × 白花山碧桃杂交培育而成的早花品种。

郑州地区始花期 3 月 20 日，盛花初期 3 月 25 日，末花期 4 月 11 日。开花持续天数 22 天。花重瓣，蔷薇型，花蕾红色，花粉红色，花径 4.7cm，花瓣 4～5 轮，花瓣数 24，花药橘红色。需冷量 450 小时。

3. 艳春

艳春由中国农业科学院郑州果树研究所培育的早花品种。

郑州地区 3 月 18 日始花，3 月底末花。花径 4.4cm，花瓣红色，鲜艳美丽，花瓣 5 层，24 瓣，花丝粉红色，47 枚，花药黄色。节间长度 1.5cm。

4. 元春

元春由中国农业科学院郑州果树研究所培育。

郑州地区 3 月 20 日始花，3 月底末花。花径 4.7cm，花瓣红色，鲜艳美丽，花瓣 4 层，22～24 瓣。花丝粉红色，41～47 枚。需冷量 700 小时。

5. 满天红

满天红品种是 1992 年中国农业科学院郑州果树研究所用北

京2－7（白凤×红花重瓣寿星桃）自花授粉种子进行实生而成。

树体直立，花芽起始节位1.6，节间长度1.8cm。郑州地区花蕾现蕾期4月1日，始花期4月9日，盛花初期4月13日，盛花终期4月22日，末花期4月26日。开花持续天数18天。花重瓣，蔷薇型，花蕾红色，花红色，花径4.4cm，花瓣4～6轮，花瓣数22，花丝粉白色，花丝数45，花药橘红色。需冷量850小时。

果实大，7月25日成熟，平均单果重127g，果面50%着红色，果肉白色，软溶质，黏核，风味甜，可溶性固形物含量12%，丰产性好。

花色鲜艳、着花状态密集，果实具有一定的可食性。用于盆栽、庭院、行道树、观光果园都十分优秀（图2－9）。

图2－9　满天红

6. 白花山碧桃

白花山碧桃是我国地方桃品种资源。

树体直立，花芽起始节位3.1，节间长度2.2cm，郑州地区始花期3月16日，盛花初期3月20日，盛花终期4月9日，末花期4月16日。开花持续天数26天。花重瓣，蔷薇型，花蕾白

色，花朵纯白色，花径5.0cm，花瓣4～5轮，花瓣数25，花丝白色，花丝数72，花药黄色。雌蕊败育，没有果实。需冷量400小时。

花色纯白、花期早、香味浓，花型活泼。

7. 黄金美丽

黄金美丽是美国品种。

树体直立，花芽起始节位3.3，节间长度2.1cm。郑州地区花蕾现蕾期4月1日，始花期4月10日，盛花初期4月15日，盛花终期4月24日，末花期4月27日。开花持续天数18天。花重瓣，花蕾粉红色，花粉红色，花径4.6cm，花瓣6～8轮，花瓣数39，花丝粉白色，花丝数92，花药橘黄色。需冷量850小时。

果实较大，7月30日成熟，平均单果重171g，果面75%着红色，果肉黄色，硬溶质，离核，风味甜，可溶性固形物含量11%，丰产性好。

花型大，果实综合性状良好，是优良的花果两用品种。

8. 绯桃

绯桃是我国地方桃品种资源。

树体直立，花芽起始节位2.5，节间长度2.3cm。郑州地区花蕾现蕾期4月3日，始花期4月16日，盛花初期4月18日，盛花终期4月25日，末花期4月29日。开花持续天数14天。花重瓣，花蕾红色，花红色，花径5.0cm，花瓣6～7轮，花瓣数54，花丝粉白色，花丝数34，花药橘黄色。果实小，无食用价值。

9. 绛桃

绛桃是我国地方桃品种资源。

树体直立，花芽起始节位4.0，节间长度2.6cm。郑州地区花蕾现蕾期4月5日，始花期4月13日，盛花初期4月16日，盛花终期4月24日，末花期4月29日。开花持续天数17天。花重瓣，蔷薇型，花蕾红色，花红色，花径4.2cm，花瓣4轮，花瓣数20，花丝粉白色，花丝数48，花药橘黄色。果实小，无食用价值。需冷量900小时。

10. 人面桃

人面桃是我国地方品种资源。

树体直立，花芽起始节位3.3，节间长度2.1。郑州地区花蕾现蕾期4月5日，始花期4月16日，盛花初期4月18日，盛花终期4月27日，末花期5月2日。开花持续天数17天。花重瓣，蔷薇型，花蕾粉红色，花粉红色，花径4.5cm，花瓣6轮，花瓣数45，花丝粉白色，花丝数53，花药橘黄色。果实小，无食用价值。需冷量1 200小时。

花色艳丽，一株上有深红色、粉红色花，花瓣数多且内卷，花型活泼可爱。

11. 洒红桃

洒红桃为我国地方品种资源。

树体直立，花芽起始节位1.6，节间长度2.1cm。郑州地区花蕾现蕾期4月5日，始花期4月17日，盛花初期4月20日，盛花终期4月27日，末花期5月2日。开花持续天数16天。花重瓣，花蕾红、粉、白杂色，花朵红、粉、白杂色，花径4.9cm，花瓣5~6轮，花瓣数52，花丝粉白色，花丝数45，花药黄色。果实小，无食用价值。需冷量1 100小时。

花色别致，花瓣数多，花型活泼可爱。

12. 红叶桃

红叶桃为我国地方桃品种资源。

树体直立，花芽起始节位3.4，节间长度2.0cm。郑州地区花蕾现蕾期4月5日，始花期4月14日，盛花初期4月16日，盛花终期4月24日，末花期4月27日。开花持续天数14天。

花重瓣，蔷薇型，花蕾红色，花红色，花径 3.9cm，花瓣 5～6 轮，花瓣数 32，花丝粉白色，花丝数 38，花药橘黄色。果实小，无食用价值。需冷量 1 000小时左右。

初春叶色紫红有光泽，盛夏叶色紫红，秋天逐渐转为红绿色，因此，叶和花都有较高的观赏价值，是行道树的常用树种之一。

13. 菊花桃

菊花桃为我国地方品种资源。

树体直立，花芽起始节位 2.9，节间长度 2.5cm。郑州地区花蕾现蕾期 4 月 5 日，始花期 4 月 17 日，盛花初期 4 月 20 日，盛花终期 4 月 27 日，末花期 5 月 2 日。开花持续天数 16 天。花菊花型，花蕾红色，花瓣粉红色，花径 4.4cm，花瓣数 27，花丝粉白色，花丝数 36，花药橘黄色。果实小，无食用价值。需冷量 1 200小时。

花型别致，酷似菊花，是桃花中的精品（图 2－10）。

图 2－10　菊花桃

14. 寿星桃

寿星桃有红色、白色、粉红色、杂色不同类型，是我国有特色的地方品种资源。

寿星桃树体矮化，花芽起始节位 2.1，节间长度 0.6cm。郑州地区花蕾现蕾期 4 月 2 日，始花期 4 月 8 日，盛花初期 4 月 10 日，盛花终期 4 月 21 日，末花期 4 月 23 日。开花持续天数 16 天。花重瓣或单瓣，蔷薇型，花蕾有深红色、粉红色、白色，花有红色、粉红色、白色、杂色，花径 4.0cm，花瓣 5 ~ 6 轮，花瓣数 27，花丝有粉白色、白色，花丝数 37，花药黄色。矮化，花色鲜艳、重瓣。

二、品种的选择

品种选择的正确与否，直接关系到将来桃园的经济效益。

（一）品种选择的趋势

一个优良品种必须同时具备综合性状优良（包括外观性状、品质性状、栽培性状、抗性都要在良好以上）、优良性状突出［在综合性状优良的基础上，与同类品种比较，必须具备一个或一个以上的目前生产中急需的突出性状，例如，成熟期极早或极晚、果实大、外观漂亮（全红或者纯黄色、纯白色）、耐贮运、高品质（含糖量高或高糖低酸，口感浓郁）］，并且没有明显缺陷（优良品种不同于优异种质资源，优良性状再突出，如果有明显缺点的品种就不是优良品种）。从果品市场对果品的基本品质要求方面来看，当前及今后比较畅销和有消费趋势的水果的基本特征为：红、大、圆、硬、甜、稳。

所谓红：就是指水果的外观着色，一定要红，最好的颜色是粉红色，而且是全红的。

所谓大：是指水果的个头，要求水果的个头要大而匀，一般在单果重 200 ~ 250g 最好，过大了也不好。

所谓圆：是指水果的果型，要求水果的果型要圆整，一般的果品商都不喜欢带凸尖的水果，因为，容易在运输和销售的过程中凸尖易于磨损和病变。

所谓硬：是指水果的耐运性，水蜜系的桃子，如肥桃等，最大的缺点是耐运性差，不容易运输，货架期短，以后受欢迎的水果要求硬度要高，以便于运输和销售。

所谓甜：是指水果的糖度，各地消费者对水果的糖度要求不一，健康的消费习惯是水果逐步低糖化，当然也不能过低，大约在 10～12 个糖度以上为宜。

所谓稳：是指水果的产量，果品商和果品市场更看重水果的质量，而不是产量。从更高的品质要求看，水果现在和以后的发展方向是生产绿色、无公害水果和有机水果，满足日益严谨的国内外果品市场对水果的品质要求。

（二）品种选择的原则

1. 适合地区生态条件

无论是什么品种，都只有在最适宜的环境条件下才能表现出其应有的特性，产生最大的经济效益。所选品种应对当地的气候、土壤等条件有较好的适应性。南方冬季较为温暖的地方，第一是考虑品种的需冷量，要选用需冷量少、在当地能顺利通过自然休眠的品种。长城以北地冬季严寒，春季温度变化剧烈，生长期短，热量不足，而且纬度越高，气候条件越差。在这些地区选用品种时首先应考虑的是其抗寒性，能安全越冬；第二是果实发育期短，能正常成熟；第三是需热量高，萌芽开花晚，能尽量避开晚霜危害。

2. 考虑市场需求

选择品种应先确定桃果销售的目标市场，然后根据市场要求和特点确定具体品种。如果是销往鲜食市场，则要选择果个大、果形美观、底色粉白或橙黄、果面鲜红、果肉硬脆、风味浓郁的品种；如果是为加工厂提供原料，则应根据不同加工厂的产品要求选择品种。

3. 发挥区域优势

我国地域广大，气候、土壤等条件差异较大，各地应充分利当地的气候、土地资源选择能在本地区获得最大效益的品种。如我国南方各省市春天来得早，生长季长，各品种成熟期均早于北方地区，如选用极早熟品种，甚至早熟品种，其果实成熟市时，北方产区的这些品种尚未成熟；虽然南方产区的中、晚熟品种成熟上市期可能会与北方极早熟、早熟或中熟品种相遇，但在果实品质上明显占优势。因此，这些地区栽培需冷量低、抗裂果、品质优良的品种可取得很好的效益。

4. 考虑种植规模

种植规模大，要考虑不同品种成熟期的配套，还要考虑品种的配置比例；种植规模小，如果种植品种过多，就会显得凌乱，反而给管理和销售带来麻烦。

5. 考虑风险承受能力

种植者选择最新品种往往可以获得比较高的收益，但也可能有失败的风险。对于承受风险能力弱者，可以选择经典品种进行种植，通过加强栽培管理获得较高的收益。

第三节　育苗技术

一、苗木的类型

生产上常用的苗木主要有实生苗、营养砧苗、芽苗、1 年生苗、2 年生苗等。

实生（砧）苗：是指用种子繁殖的砧木，包括毛桃、山桃、甘肃桃、新疆桃、光核桃等。

营养砧苗：是指通过营养繁殖的方法生产的砧木。

芽苗：又称半成品苗，指当年播种、秋季嫁接但接芽当年不萌发的苗木。

1 年生苗木：又称速生苗，指当年播种、当年嫁接、当年成苗出圃的苗木。

2 年生苗木：是指播种当年嫁接或第二年春天嫁接成活后，生长 1 年，于秋季落叶后或第三年春天出圃的苗木。

生产上要求最好选用 2 年生或 1 年生苗木，一般情况下不要用芽苗，但在繁育栽植新品种时，由于苗木的缺乏，也可用芽苗。在选择苗木时同时，要注意苗木的粗度、高度以及整形带内的芽等具体指标，砧段粗度指距地面 3cm 处的砧段直径；苗木粗度是指嫁接口上 5cm 处茎的直径；苗木高度是指根茎处至苗木顶端的高度；整形带指 2 年生苗和当年生苗地上部分 30 ~ 60cm 或定干处以下 20cm 的范围；饱满芽指整形带内生长发育良好的健康叶芽。

二、砧木的种类

我国桃树用砧木主要有山桃、毛桃、山樱桃等，在我国南方及西部地区多用实生毛桃；北方则多用山桃；也有少数采用杏、李、扁桃作砧木的。近年来为了矮化密植的需要，开始以毛樱桃、榆叶梅等作砧木，矮化效果虽较明显，但各地表现不一，有待进一步观察。

1. 山桃

山桃新梢纤细，果实小，7—8 月成熟，不能食用，出种率 35% ~50%，嫁接亲和力强，成活率高，生长健壮，长势不如毛桃发达；耐寒、耐旱，抗盐碱、耐瘠薄，主根发达，不耐湿，在地下水位高的黏重土壤生长不良，易感染根癌病、颈腐和黄化病，适宜我国大部分地区。山毛桃作砧木，表现为主根大而深、细根少，吸收养分的能力略差，早果性好，耐寒、耐盐碱的能力较强，缺点是在温暖地区结果不良。

2. 毛桃

毛桃新梢绿色或红褐色，果实较大，8 月成熟，可以食用，但品质差，果实出种率 15% ~30%，嫁接亲和力强，根系发达，长势较强，寿命较山桃强，耐寒、耐旱，抗盐碱、耐瘠薄，耐多湿温暖，结果早；在黏重土壤和透透性差的土壤上易患流胶病。毛桃类的砧木，嫁接的栽培表现为根系发达、对养分水分的吸收能力强，耐瘠薄和干旱，结果寿命较长；但土壤如很肥沃，容易生长过旺。如排水不良或地势低湿，易生长不良，结果较差。

3. 毛樱桃

作为桃的矮化砧木，加拿大应用的最早，日本应用较多的矮化砧木。抗寒、耐旱、耐瘠薄，与桃亲和力较强。矮化作用明显，适于主干树形，根系不耐湿，对除草剂敏感。

三、苗圃地的选择

苗圃地的选择应考虑下列条件。

1. 地形地势

地形一致，地势平坦，背风向阳。

2. 土质

土层深厚、质地疏松、排水良好的砂壤土，pH 值 6.5 ~7。

3. 水源

水源充足，有良好的灌溉条件，地下水位在 1m 以下。

4. 重茬

桃树重茬主要会导致桃树根系分泌物及其互斥反应、造成土壤营养成分失衡、土壤酸碱度异常、线虫和土壤病原物增多等问题。

5. 交通

交通运输方便。

四、实生砧木苗的繁育

1. 种子采集

种子的质量关系到实生苗的长势和合格率，是培养优良实生苗的重要环节。

种子采用毛桃或山桃。作为采种的植株，应生长强健、无病。

选用充分成熟的果实，除去果肉杂质。取出的核（种子）应洗净果肉，放于通风阴凉处干燥。干后收藏在干燥冷凉处，以防发霉。

种子采集的注意事项如下。

（1）注意选择果大、果形端正、果色正常的果实，这样的种子充实饱满、整齐一致，发芽率高。

（2）采摘的种子切忌堆沤腐烂，以免果肉发酵产生的高温度损伤种胚，应及时翻动降温。

（3）注意防止鼠害偷食。

（4）陈年种子一般出芽率明显降低，最好不用。

2. 层积处理（沙藏）

用于冬播的成熟的桃砧木种子，要求在一定低温（最适宜温度是3～5℃）、湿度和通气条件下，经过一定时间完成后熟过程之后才会发芽，即层积处理。实行秋播，种子冬季在土中可以自然完成低温休眠，无须进行层积处理。

（1）沙藏种子时间。沙藏种子时间一般在12月进行。

（2）层积的方法。

①种子的浸泡将干燥的种子取出，放在清水中，浸泡24～36小时，捞去漂浮的秕种子。

②层积处理取干净的河沙，用量为种子容积的5～10倍，沙子的湿度以手握成团不滴水、松手即散开为度。将浸泡过的种子

和准备好的河沙混合均匀即可。

③层积地点或层积坑、沟选择地势较高的背阴、通风处，坑的深度以放入种子后和当地的冻土层平齐为宜。层积种子的厚度不超过 30cm。

种子量小时，可用透气的容器（木箱或花盆）装盛。注意容器先用水浸透，将混匀的材料装入，上面覆 1 ~ 2cm 的湿沙，放入挖好的层积坑内。

种子量大时，可挖长方形的层积沟进行处理。沟宽 50 ~ 60cm，长度不限。沟深按当地冻土层的厚度加上层积种子的厚度（30cm 左右）计算。

（3）沙藏时间。沙藏时间 100 ~ 120 天，温度 2 ~ 7℃。

3. 播种

（1）种子活力测定。播种前为了确定单位面积的播种量，应准确了解种子萌芽力，这就需要对种子进行生命力测定。种子活力以发芽率表示，发芽率应达到 95%。

将纯净种子分为 4 组，每组 50 粒，分别放在垫有湿吸水纸的玻璃皿中，置于 20℃ 左右温度下，保持吸水纸水分充足，自发芽开始，逐日记载发芽粒数，记录至某日发芽数不足供试种子数的 1% 时停止，计算种子发芽率以 4 组平均数为该批种子的发芽率。

（2）整地作畦。翻土 25 ~ 30cm，细耙，达到疏松、细碎、平整、无石块和杂草，做宽 1m、长 20 ~ 30m 的畦，南北向，东西排列，每亩。

施腐熟有机肥 4 000 ~ 5 000kg，混施过磷酸钙 20 ~ 25kg，灌水沉实。

（3）播种量。单位面积内计划生产一定数量的高质量苗木所需要的种子数量为播种量。播种量一般毛桃 40 ~ 50kg/亩，山桃 20 ~ 30kg/亩。

（4）播种期。

①秋播：秋播省去了沙藏，种子在田间休眠。适于土壤良好、冬季雨雪多的地区，这样种子在地里经过冬季自然通过了后熟时期，次春可及早萌发出苗。河北南部10月下旬至11月上中旬土壤冻结前播种最好。要求冬季必须温暖潮湿，北部比南部应提早半个月最好。

但若当地冬季比较干旱、土壤墒情没保证或冬季风沙大，不宜秋冬播种，在这些地区进行秋播，次春出苗率很低或完全不出苗。

②春播：冬季严寒、干旱、风沙大、鸟鼠害严重的地区，宜行春播。春播的种子必须经过沙藏，虽然沙藏费工，但出苗相当整齐。最好还是提倡春播，春播的时期一般在土壤开冻后。在我国中部地区一般3月上旬即行播种，华北地区春播一般在3月上中旬即可。

（5）播种方式。灌水后土壤不黏即可播种；条播，每畦2行，行距50cm，株距15cm，种子横卧于土中。播深4～5cm，播后覆膜。

（6）田间管理。中耕除草，浇水保墒，防治病虫害。当幼苗长出3～4片真叶时，及时间苗。

五、嫁接苗的繁育

嫁接苗是将桃优良品种的枝或芽嫁接到砧木上长成的新植株。嫁接苗除保持品种固有的优良特性外，还可以提早结果，增强对干旱、水涝、盐碱、病虫等不良环境的抗性。

1. 接穗采集、保存

（1）采穗。接穗应从品种纯正、没有检疫对象、树体健壮、无病虫害、处于盛果期的大树上选取。选树冠外围、生长正常、芽体饱满的新梢作接穗。

芽接用的接穗取自当年生新梢，枝接用的接穗也最好采自发育充实的 1 年生枝，不要选取其内膛枝、下垂枝及徒长枝作接穗。

夏季芽接时，采接穗后立即剪除叶片，以防止水分蒸发，只保留 0.3 ~0.4cm 的叶柄，同时，接穗采好后注意保湿。

（2）规格。长 15cm 以上，粗 0.5 ~0.8cm，保证其上有 10 个左右饱满芽。

（3）保存。接穗最好就近采集，随采随接。外运的接穗，及时去掉叶片的同时可用潮湿的棉布或塑料布包裹，防止失水，挂好品种标签，标明品种、数量、采集时间和地点，运到目的地后，即开包浸水，放置于荫凉处，最好开空调调节温度或培以湿沙。

冬季可结合桃树修剪时收集接穗，保存接穗时，要注意保湿和防止发生冻害。

2. 嫁接时间

培育芽苗和 2 年生苗，在 8 月嫁接，嫁接部位离地面 10cm。培育一年生苗在 6 月中下旬嫁接，离地面 15 ~20cm。在嫁接前 5 天左右，浇 1 次水。

3. 嫁接方法

（1）“T”形芽接。生长季中凡是砧木和接穗能离皮的时期均可嫁接，8 月中下旬最宜；先在接穗上选择饱满芽，根据砧木粗度削取盾形芽片，芽片长度在 2 ~2.5cm，芽上占 2/5，芽下占 3/5；在砧木距地面 5cm 处的光滑部位，横竖各划一刀成“T”形，深达木质部，横刀口平，长 1cm，竖口直，长度与芽片长度相等，将砧皮剥开，插入芽片，使芽片横切口与砧木横切口对齐靠紧，用塑料条自下而上将接口捆严，只露叶柄和芽体。

（2）带木质部芽接。在砧木不离皮时采用。削取接穗时先从芽的上方 1cm 处向芽的下方斜削一刀，深入木质部，长 2cm；

再在芽的下方 0.5cm 处向下斜切一刀，深达第一刀处，长为 0.6cm，取下芽片；砧木切口方法与削取接穗取芽方法相同，略长，将芽片镶入，绑紧。春接的，要在接芽上方2cm 处剪砧；秋接的，在来年春季发芽前剪砧。

（3）嫁接技术要求。砧木和接穗要符合品种及质量标准；嫁接部分光滑平整；枝接接穗削面要平，削接穗时要平稳，嫁接要迅速；枝接形成层要对准，接穗插入后，上部刀口形成层要略高出砧木接面 1～2mm（露白）；包扎物用弹性较好的塑料布截成条，用劲包紧、包严，使接口保湿。

4. 嫁接苗的管理

（1）检查成活、松绑。芽接1 周后，接芽饱满、湿润、有光泽、手触叶柄自行脱落说明已经接活；叶柄、芽子均变黑、干缩、手触叶柄不掉，即没接活，要及时补接。

（2）剪砧、除萌。秋季芽接的，在翌年春树液流动后，接芽萌发前（3 月下旬至 4 月上旬），在接芽上方 0.5cm 处一次剪砧，剪口要从接芽对侧由下向上稍倾斜。

（3）肥水管理。早春剪砧后，追施尿素 15～20kg/亩，及时浇水、保墒。适时中耕除草，保持土壤疏松、湿润、无杂草。

（4）病虫害防治。及时防治蚜虫、螨类、潜叶蛾、金龟子、白粉病等苗木病虫害。

5. 出圃

（1）方法。在苗木落叶至土壤封冻前或翌春土壤解冻后至萌芽前出圃。挖苗时据苗木 20cm 以上挖掘，使根系完整。挖苗后，应在当日或次日进行假植，防止苗木失水。

（2）苗木出圃指标。一级、二级苗为出圃合格苗，等外苗均不得出圃定植，要连续培育1 年；出一级苗比率应达80%，详见下表。

表　桃苗木出圃指标

等级	苗龄	茎	根系	芽
一级	2年（秋接次年出圃）	苗高120cm以上，距接口10cm处直径在1～2cm	有4条以上长于20cm的分布均匀且无破损、劈裂的侧根，并有较多长20cm以上的小侧根和须根	在整形带内有8个以上饱满芽，如整形带内发生副梢，副梢基部要有健壮的芽
二级	2年（秋接次年出圃）	苗高100cm以上，距接口10cm处直径在0.8cm以上	分布均匀，具有4条以上长度在15cm以上的侧根	在整形带内有5个以上饱满芽

6. 苗木假植、包装、运输

（1）外运苗木应用草袋、蒲包及其材料包装，每25株1捆。

（2）每捆附以标签，标明品种、起苗时间、苗龄、等级、批号、检验证号。

（3）运输途中，必须采取保湿降温措施，严防风吹日晒。

（4）苗木运到目的地应立即进行定植或假植。

（5）起苗后，苗木不能立即外运和定植时，要进行假植；假植沟挖在防寒、排水良好的地方，沟深60～100cm，苗木分品种存放沟内，用湿沙或疏松潮湿的土壤将根系盖严，培土至2/3处。

第四节　建园技术

一、合理选择园地

建园要根据当地的气候、交通、地形、土壤、水源等条件，结合桃树的适应性，特别是强喜光性和怕涝性，选择阳光充足、地势高燥、土层深厚、水源充足且排水良好的地块。

1. 交通便利

桃树的结果量大，成熟期集中，要求交通便利，使运载工具

能够畅通。

2. 地形适宜

桃树适宜坡地生长，因为坡地通透条件好，所以桃园一般建在丘陵地带，或建在有一定坡度的耕地上；当然平地也可以建园，但要修排水沟渠。坡地建园以东南坡向为好，东坡、南坡也可以建园，可起到避风透光作用；坡度在5°～15°，海拔400m左右，环境优良，无污染，浇灌用水质地好。

3. 土壤适宜

桃树适应性强，平原、山地、沙土、沙壤土、黏壤土上均可生长，但以沙质壤土为好。如是黏性较大的黄土，应结合挖树坑进行改造。

桃树耐盐碱能力差，一般在微酸性土壤上生长良好，当pH值超过8时，会出现黄化，以致影响产量、品质和抗病性。酸性土壤在整地时可以施用适量石灰；碱性土壤多施农家肥。

4. 水位较低

地下水位不能高于1m，桃树根浅，生长旺盛，需要通气性良好的土壤。地下水位过高时，要起垄做高畦。

5. 排水良好

桃树根系呼吸旺盛，最怕水淹，要做好排水防涝工作。忌在涝洼地建园。

6. 禁选风口

桃枝叶密集，果柄短，遇风常出现“叶磨果”，似果锈，降低或失去商品价值。在气候条件相对不稳的地方和丘陵山区，因为，风口常会发生冻花、冻伤幼果的现象，所以，要避开风口，不能在山口、沟谷地建园。

7. 忌重茬

桃树根系残留在土壤中，会分解成氢氰酸和苯甲酸，它能抑制桃树新根生长，浓度高时会杀死新根。所以，重茬桃树表现生长弱，病害多（如流胶病、根癌病等），果实小，严重的会死树。如果必须利用老桃园时，应先种 2—3 年禾本科作物、豆类或绿肥，再行种植，或先采用客土，多施有机肥的方法，减少不良影响。注意李、杏、樱桃园废弃后种桃也会出现再植病。

二、科学规划桃园

园地规划包括桃园及其他种植业占地，道路系统、排灌设施、防护林、辅助建筑物占地等。规划时应根据经济利用土地面积的原则，尽量提高桃树占用面积，控制非生产用地比率。一般认为，桃园各部分占地的大致比率为桃树占地 90% 以上，道路占地3% 左右，排灌系统占地1.5%，防护林占地5% 左右，其他占地 0.5% 左右。

1. 栽植小区

（1）小区的划分。为便于作业管理，面积较大的桃园可划分成若干个小区。小区是组成果园的基本单位，它的划分应遵循以下原则。

①在同一个小区内，土壤、气候、光照条件基本一致。

②便于防止果园土壤侵蚀。

③便于果园防止风害。

④有利于机械化作业和运输。

（2）小区的面积。平地果园可大些，以 30 ~ 50 亩为宜，低洼盐碱地以 20 ~ 30 亩为宜（排碱沟），丘陵地区以 10 ~ 20 亩为宜，山地果园为保持小区内土壤气候条件一致，以 5 ~ 10 亩为宜。整个小区的面积占全园的 85% 左右。

（3）小区的形状。小区的长边不宜过长，以 70 ~ 90m 为好。

2. 道路系统

桃园道路规划应根据实际情况安排。面积较大的桃园可根据作业小区设计主路、副路、支路三级路面。主路位置要适中，贯

穿全园，是全园果品、物资运输的主要道路，宽6～8m，与园外相通，可容大型货车通过以方便运输；副路是作业区的分界线，与主路垂直相通，宽3～4m，可通过拖拉机和小型汽车；支路为小区内或环园的作业道，主要供人作业通过，宽1～2m即可。

3. 排灌设施

（1）灌水系统的规划。果园的灌水系统包括蓄水、输水和灌水网3个方面。

果园建立灌溉系统，要根据地形、水源、土质、蓄水、输水和园内灌溉网进行规划设计，灌溉系统包括水源（蓄水和引水）、输水和配水系统、灌溉渠道。

①蓄水引水：平原地区的果园需利用地下水作为灌溉水源时，在地下水位高的地方可筑坑井，地下水位低的地方可设管井。果园附近有水源的地方，可选址修建小型水库或堰塘，以便蓄水灌溉，如有河流时可规划引水灌溉。

②输水系统：果园的输水和配水系统包括平渠和支渠。主要作用是将水从引水渠送到灌溉渠口。设计上必须做到以下几点。

一是位置要高，便于大面积灌水。干渠的位置要高于支渠和灌溉渠。

二是要照顾小区的形状，并与道路系统相结合。根据果园划分小区的布局和方向，结合道路规划，以渠与路平行为好。输水渠道距离尽量要短，以节省材料，并能减少水分的流失。输水渠道最好用混凝土或用石块砌成，在平原沙地，也可在渠道土内衬塑料薄膜，以防止渗漏。

三是输水渠内的流速要适度，一般干渠的适宜比降在0.1%左右，支渠的比降在0.2%左右。

③灌水渠道：灌溉渠道紧接输水渠，将水分配到果园各小区的输水沟中。输水沟可以是明渠，也可以是暗渠。无论平地、山地，灌水渠道与小区的长边一致，输水渠道与短边一致。

山地果园设计灌溉渠道时与平原地果园不同，要结合水土保持系统沿等高线，按照一定的比降构成明沟。明沟在等高撩壕或梯田果园中，可以排灌兼用。

有条件的果园可以将灌溉渠道设计成喷灌或滴灌。

（2）排水渠道的规划。排水系统的作用是防止发生涝灾，促进土壤中养分的分解和根系的吸收等。排水技术有平地排水、山地排水、暗沟排水 3 种。

①平地排水：平地果园排水系统由排水沟、排水支沟和排水干沟 3 部分组成。一般可每隔 2 ~ 4 行树挖一条排水沟，沟深 50 ~ 100cm，再挖比较宽、深的排水支沟和干沟，以利果园雨季及时排水。

②山地排水：山地果园，要在果园最上方外围，设一道等高环山截水壕，使山洪直接入壕泄走，防止冲毁果园梯田、撩壕。每行梯田的内侧挖一道排水浅沟。全沟比降 1/3 000，并在截水壕和浅沟内都做有相当沟深一半的小埂（竹节埂），小雨能蓄，大雨可缓冲泄水流势。

③暗沟排水：排水在解涝地的地面以下，用石砌或用水泥管构筑暗沟，以利排除地下水，保护果树免受涝害。

4. 防护林

（1）防护林的作用。

①降低风速，减少风害。

②减轻霜害、冻害，提高坐果率。在易发生果树冻害的地区，设置防护林可明显减轻寒风对果树的威胁，降低旱害和冻害，减少落花落果，有利果树授粉。

③调节温度，增加湿度。据调查，林带保护范围比旷野平均提高气温 0. 3 ~0. 6℃。湿度提高 2% ~5% 。

④减少地表径流，防止水土流失。

（2）防护林带的结构。防护林带可分疏透型林带和紧密型

林带2种类型。

①疏透型林带：由乔木组成，或两侧栽少量灌木，使乔灌之间有一定空隙，允许部分气流从中下部通过。大风经过疏透型林带后，风速降低，防风范围较宽，是果园常用类型。

②紧密型林带：由乔灌木混合组成，中部为4～8行乔木，两侧或在乔木下部，配栽2～4行灌木。林带长成后，上下左右枝叶密集，防护效果明显，但防护范围较窄。

（3）防护林树种的选择。防护林树种的选择，应满足以下条件。

①生长迅速，树体高大，枝叶繁茂，防风效果好。灌木要求枝多叶密。

②适应性强，抗逆性强。

③与果树无共同病虫害，不是果树病害的寄主，根蘖少，不串根。

④具有一定的经济价值。

平原地区可选用枸橘、臭椿、苦楝、白蜡条、紫穗槐等，山地可选用紫穗槐、花椒、皂角等。

果园周围应避免用刺槐、泡桐等作防护林，因为，它们是一些果树病害的潜隐寄主或传播体，如刺槐分泌出的鞣酸类物质对多种果树的生长有较大的抑制作用。

（4）防护林营造。

①林带间距、宽度：林带间的距离与林带长度、高度和宽度及当地最大风速有关。风速越大，林带间距离越短。防护林越长，防护的范围越大。一般果园防护林带背风面的有效防风距离约为林带树高的25～30倍，向风面为10～20倍。主林带之间的距离一般为300～400m，副林带之间的距离为500～800m，主林带宽一般10～20m，副林带宽一般6～10m。风大或气温较低的地区，林带宽一些、间距小一些。

②林带配置和营造：山地果园主林带应规划在山顶、山脊以及山亚风口处，与主要为害风的方向垂直。副林带与主林带垂直构成网络状。副林带常设置于道路或排灌渠两旁。地堰地边、沟渠两侧也要栽上紫穗槐、花椒、酸枣、荆条、皂角等，以防止水土流失。

平地果园的主林带也要与主要为害风的风向垂直，副林带与主林带相垂直，主副林带构成林网。平地果园的主、副林带基本上与道路和水渠并列相伴设置。平地防护林系统由主、副林带构成的林网，一般为长方形，主林带为长边，副林带为短边。在防护林带靠果树一侧，应开挖至少深100cm的沟，以防其根系串入果园影响果树生长。这条防护沟也可与排、灌沟渠的规划结合。

5. 辅助建筑物

辅助建筑物包括管理用房、车库、药库、农具库、包装场、果库及养殖场（设在下风口），应设在交通方便的地方，占整个园区面积的3%。为了建立高效益现代化的中大型果园（100亩以上），还应作出养殖场的规划，实行果、牧有机结合的配套经营。

三、桃树的栽植

1. 合理配置授粉树

桃树大部分品种自花结实，但也有些品种自花不育甚至没有花粉，栽植这些品种时都需要配置授粉树。如五月鲜、六月白、晚黄金、砂子早生、仓方早生、欧洲黄桃等。

（1）授粉树应具备的条件。

①与主栽品种授粉亲和力强。

②与主栽品种花期一致，花粉量大、花期长，容易成花。

③与主栽品种能相互授粉，果实的经济价值较高。

④对当地的环境条件有较强的适应能力，树体寿命长。

如大久保、雨花露、京玉等都是较好的授粉品种。

（2）授粉树的配置。建园时不论主栽品种白花结实率是否高，一定要配置2～3个授粉品种作为授粉树。授粉品种的比例可按（1：3）～5成行排列（花粉结实率低或花粉败育的品种桃园的授粉树比例为1～（2：1）），或多品种成带状排列，也可按2行、4行间栽植1行授粉树，最好在主栽品种行内按配置比例定植，以利于蜜蜂传粉。

授粉树在果园的常见配置方式。

①中心式：小型果园中，果树作正方形栽植时，常用中心式配置，即一株授粉品种在中心，周围栽8株主栽品种。

②行列式：大中型果园中配置授粉树，应沿小区长边，按树行的方向成行栽植。梯田坡地果园可按等高梯田行向成行配置。两行授粉树之间的间隔行数，多为3～7行。处于生态最适带的果园，相隔的行数可以多些，间隔距离可以远些。生态条件不很适宜地区，间隔行数应适当减少，间隔距离相应缩短。

2. 栽植的密度和方式

（1）确定栽植密度的依据。

①品种树势：品种、砧木不同，树体的高、矮、大小差异很大，因此，果树的生长特性决定了栽植密度。树势强旺的品种应适当降低密度，树势中庸或偏弱的品种可适当提高密度。

②土壤肥力和地势：土层薄、肥力差，果树生长弱，密度可大些，土层厚，肥力高的土壤，果树生长势强，密度可小些。山地、丘陵地光照充足，紫外线多，树体受紫外线影响大，生长矮小，密度可大些。

③气候条件：气温高、雨量充足，果树生长旺盛，密度要小，干旱低温、大风的地区，密度可大些。如河北省邯郸平原地区株行距可大些，山区则小。

④栽培管理技术、管理水平和劳动力情况：栽培管理技术水

平也制约栽培密度，技术高，密度大些，反之小些。

（2）栽植密度。一般情况下，长势强的品种或乔砧品种，土层肥沃，管理水平较高时，株行距宜大，栽植密度宜低。反之，生长势弱或矮化砧嫁接的品种，土地瘠薄，管理水平较低时，株行距宜小，栽植密度要适当高一些。

一般密植栽培的行株距为（5～6）m×2.5m，普通栽培为5m×4m。行间生草，行内覆盖，或行间或全园进行覆草。通常山地桃园土壤较瘠薄，紫外线较强，能抑制桃树的生长，树冠较小，密度可比平原桃园大些。大棚或温室栽植时，一般密度为株距1～2m，行距为2～2.5m。

（3）桃苗栽植的时间。主要有春栽和秋栽。

①春季栽植：春季栽植在土壤解冻后至苗木发芽前尽早进行，我国中部地区在2月下旬至3月上旬栽植。干旱、寒冷且无灌溉条件的北方地区，秋栽有抽条现象，多采用春栽。

春季栽植的苗木，由于需要时间愈合伤口，然后才能分生新根，小苗发芽时间较晚；但避免了冬季的各种冻害，苗木成活率较高。

②秋季栽植：秋季栽植宜在苗木落叶前后进行，未落叶的需人工摘叶后定植，我国中部地区在10月下旬至11月上旬栽植。由于秋栽比春栽萌芽早，生长快，我国南方、中部地区以及冬季不太寒冷且有灌溉条件的北方地区可采用秋栽。

秋季定植的苗木有利于伤根的愈合，小苗发芽较早；但要注意埋土防寒，并及时浇水，防止冻害，冬天保护不当容易发生失水抽干，降低成活率。

（4）栽植前的准备。

①定点挖坑：定植坑挖大一些，坑的长、宽、深可各挖60～70cm，把表土和心土分开，表土混入有机肥，填入坑中，然后取表土填平，浇水沉实。

②肥料准备：腐熟好的有机肥每株2.5～5kg，尽量少用或不用化肥，以免产生肥害。

（5）栽植方法。将苗木放进挖好的栽植坑前，先将混好肥料的表土，填一半进坑内，堆成丘状，将苗木放入坑内，使根系均匀舒展地分布于表土与肥料混堆的丘上，校正栽植的位置，使株行之间尽可能整齐对正，并使苗木主干保持垂直。然后将另一半混肥的表土分层填入坑中，每填一层都要压实，并不时将苗木轻轻上下提动，使根系与土壤密接，最后将心土填入坑内上层。在进行深耕并施用有机肥改土的果园，最后培土应高于原地面5～10cm，且根茎应高于培土面5cm，以保证松土踏实下陷后，根茎仍高于地面。最后在苗木树盘四周筑一环形土埂，并立即灌水。

干旱地区要覆膜或盖草，中耕以提高成活率。

3. 栽植后的管理

（1）浇透水。歪苗扶正。

（2）定干。根据整形要求，定干高度40～50cm。

（3）套塑料袋，保成活，防虫害。尤其对金龟子发生严重的地区，对半成苗要套袋，保护接芽正常萌发成新梢。当新梢长到30cm左右时立支棍保护。

（4）成活率调查。发现有死亡株，应及时补栽。

（5）防治病虫害。及时除萌；减少养分损失；抹除同一节位上过多的芽。

（6）追肥灌水。成活展叶后，干旱时要浇水。6月下旬至7月上旬要追氮肥。8—9月控制生长（控制浇水、摘心），提高越冬性。

（7）幼树防寒。埋土防寒或采取夹风障，在主干捆草把等防寒措施。

四、再植病的防治

再植病也叫重茬病，是指在老果园旧址上，重新栽植同种果树时，表现出的栽植成活率低、生长量小、产量低、品质差等现象。

1. 果树轮作

前茬桃树的果园内不宜再栽植核果类果树，如桃、杏、李和樱桃，以栽植梨树较为理想。前茬为苹果的果园，以重栽樱桃较好，可以防止樱桃发生再植病。

2. 深翻换土

可在定植穴内进行深翻，把定植穴内 $0.5m^3$ 的土壤挖起移走，换好土填入定植穴，然后栽植果树，可避免果树再植病的发生。

3. 土壤处理

用含37%甲醛的福尔马林进行土壤消毒处理，效果较好，成本较低。处理时将定植穴内或栽植沟内的土壤挖起，然后边填土边喷洒福尔马林，喷洒后用地膜覆盖土壤，杀死土壤内线虫、细菌、放射菌和真菌。也可用1，3－D，EDB等杀线虫剂、克菌丹杀菌剂、广谱性生物杀伤剂：如三氯硝基甲烷、溴甲烷来杀死线虫、真菌和细菌。或用高剂量的溴甲烷，每平方米土壤中施入100g。

4. 土壤加热

在夏季和早秋的晴朗天气。利用地膜覆盖土壤，使果园土壤温度上升到50℃以上，能起加热杀菌的作用。少量土壤加热时，可用容器加温的方法。一般温度到达50℃时，可以部分消除再植病的发生，达到60～70℃时，可以完全消除再植病的发生，70℃下处理1小时的效果最好。土壤处理后重栽时对桃、苹果、梨、杏、樱桃均有促进生长的作用。

5. 应用抗性苗木

果园重茬栽植果树时，选用抗再植病的果树苗木是比较理想的措施。据研究扁桃和桃杂交砧木品种 GF 677，对桃树再植病的抵抗能力强。栽培品种嫁接到这一砧木上后，在连续栽过两茬的桃园里进行栽种，其树体生长仍然表现良好，产量也不受影响。

6. 施用 VAM 真菌

VAM 真菌即泡囊一丛枝菌根真菌，是一种与果树发生有益共生的内生菌根真菌。重茬地果树栽植时，在果树根际直接接种 VAM 真菌，可减轻果树再植病的发生，促进果树的生长和结果。也可在果树栽植前，先种植豆科植物如小冠花、三叶草和苜蓿。这些豆科作物是 VAM 真菌的寄主，种植这些作物，可以促进土壤内 VAM 真菌的发生、发育和大量繁殖；同时，还可固定氮素。增加土壤肥力，果树定植后不易发生再植病。特别是在土壤消毒的基础上再接种 VAM 真菌，对防止果树再植病的发生有显著的效果。

7. 科学补充营养

果园重茬栽植前应进行果园的土壤分析，了解果园土壤内营养元素亏损或积累情况，然后确定梨园施肥方案，补充和调节土壤内的营养元素，应特别注意有机肥料和微量元素的应用。

第三章　桃规模生产土肥水管理

第一节　土壤管理

一、幼龄桃园土壤管理

1. 幼树树盘管理

幼树树盘即树冠投影范围。树盘内的土壤可以采用清耕或覆盖法管理。耕作深度以不伤根为限，有条件的地区，可用各种有机物覆盖树盘，覆盖物的厚度，一般在 10cm 左右。如用厩肥或泥炭覆盖还可薄一些。为了降低地温在夏季给果树树盘覆盖，效果较好。沙滩地在树盘培土，既能保墒又能改良土壤，冬季还可减少根际冻害。

2. 幼龄桃园的间作

幼龄桃园空地较多可间作，间作可形成生物群体，群体间可互相依存，还可改善微区气候，有利于幼树生长，并可增加收入，提高土地利用率。

间作物要有利于桃树的生长发育，与桃树保持一定距离；植株要矮小，生育期较短，适应性强，与桃树需水临界期最好能错开；间作物与桃树没有共同病虫害，比较耐阴等。为了避免间作物连作带来的不良影响，需根据各地具体条件制定轮作制度。

二、成龄桃园土壤管理

1. 清耕法（耕后休闲法）

园内不种作物，经常进行耕作，使土壤保持疏松和无杂草状态，故称为清耕法。清耕法一般在秋季深耕，春夏季进行多次中耕，使土壤保持疏松透气，促进微生物繁殖和有机物分解，短期内可显著增加土壤有机态氮素。秋耕一般在 9 月和 10 月进行，此时，根系处于生长高峰期，断根容易愈合，并能刺激发生新根，扩大根系面积，使根系更新复壮；同时，秋耕后还可接纳大量雨水，满足桃树翌年春生长需要，铲除多年生宿根杂草，减少杂草滋生病虫繁衍。秋季耕翻幼树结合施基肥逐渐扩穴；成年桃树自主干向外逐渐加深，里面耕翻深度约 10～15cm，到树冠外围可深至 20～30cm。秋耕时间不宜过晚，否则有害无益。但长期采用清耕法，不但费工，而且土壤有机质迅速减少，还会使土壤结构受破坏，影响果树生长发育。

2. 生草法

目前，许多农业发达国家的果园，都在推广生草技术，尤其是对有机质含量低，水土易流失的桃园，生草法是较好的土壤管理方法。

桃园生草好处很多，主要有以下几个方面。

①生物固氮，培肥地力，增加土壤有机质，消除土壤板结，改良土壤；②形成绿色覆盖层，抑制杂草生长，保持土壤水分，防止水土流失，提高桃树抗旱性能；③改善桃园生态环境，调节地温；④增强果树抗病虫害和自然灾害的能力，减少化肥施用和农药投入；⑤实现果畜结合，发展节粮养畜，过腹还田，建立生态果园；⑥增加果品产量，改善果品品质，提高果品商品率，增加果园经济效益。

并非所有牧草都能作为桃园生草的品种，桃园生草品种必须具备以下几个条件。

①应该是豆科，能固氮，培肥地力；②根系不能太深，以免与果树争肥争水；③植株高度不能超过 60 ~ 80cm；④与杂草竞争力强，有利于抑制杂草；⑤草层细软致密，草层在土壤中容易腐解，培肥地力，有利于保墒；⑥要耐旱、耐践踏，不影响果农对果园进行其他管理。适合作桃园生草的牧草作物有多年生豆科白三叶、小冠花和百脉根，还有越年生的豆科草木樨、毛苕等。另外，将白三叶与黑麦草混播效果也很好，但黑麦草属禾本科为耗地型作物，需适当追施肥水。

3. 覆草法

在桃树冠下或全园覆草 10 ~ 20cm 左右，不耕翻，每年添盖新草，保持覆草效果。实践证明，桃园覆草有以下优点（图 3 – 1）。

图 3 –1　覆草法

（1）提高土壤肥力。桃园每年每亩覆草 1 000 ~ 1 250kg，厚度 15cm，腐烂后其肥效相当于每亩 3 000kg左右的土杂肥，覆盖的土壤中氮、磷、钾以及其他桃树所必需的元素，含量均比

较高。

（2）保土蓄水，减少土壤蒸发及径流。覆草后，降雨时雨水经过 15cm 左右后的草被缓慢渗入土壤，避免了雨后造成的土壤板结和水土流失；干旱季节，覆草的土壤蒸发量小，地表蒸发量减少 60% 以上，因此，桃园土壤含水仍能满足树体正常生长的需要。

（3）调节地温。桃园覆草后，夏季可防止烈日暴晒灼伤表层根系；落叶前可减缓土壤降温，利于根系生长和树体营养积累，增强越冬抗性；冬季能保持较稳的土温；有利于根系的正常休眠和保护桃树安全过冬。

（4）促进根系发育，提高果实产量品质。桃园连年覆草，土壤微生物活动加强，使土壤有机质和有效的氮、磷、钾含量提高，土壤容重减少，透气性增加，改良了土壤理化性状，从而促进了桃树根系的发育，果品产量和质量明显提高。

（5）减少污染。农村地区麦草、玉米秸秆收获后，不少农民把秸秆堆于田间地头及公路两侧烧掉，既污染了环境又易酿成火灾，烧毁公路树木。若实行果园覆草，秸秆还田，不但能减少污染，还能明显提高桃园的经济效益和社会效益。

（6）灭草免耕。桃园覆草后，杂草所需光、温、气等环境条件改变，一般园地不再萌生杂草，土壤不易板结，全年可减少中耕除草 4 ~ 6 次，节省大量用工。覆草虽有上述好处，但也存在着地表氮素暂时亏缺，鼠害及病虫有所增多以及易发生火害等问题。须采取相应对策加以解决，如覆草前，地表撒施少量氮肥（尿素），病虫防治时兼治地表害虫，注意防鼠害火害等。

①覆草材料及时期：作物秸秆（麦草、玉米秸、油菜秆、稻草等）、杂草及落叶等，每亩覆盖 1 000 ~ 1 250kg，厚度 10 ~ 15cm。一年四季均可进行，最好结合农作物收获后及时覆盖。

②覆草技术：一是土壤瘠薄，有灌水条件的桃园可深翻扩

穴，结合埋草、追施氮肥及灌水后铺草，以更快提高土壤肥力。二是旱地桃园，待雨后中耕后再铺草或穴旅肥水与覆草同时进行。三是可与生草覆盖结合进行，将秸秆覆土树冠下行间生草。四是覆草后随即在上面压少量土，以防止火灾和被大风吹走。

4. 免耕法（化学除草）

免耕法又称最少耕作法，主要是利用除草剂防除杂草，土壤不进行耕作。这种方法可保持土壤自然结构，节省劳力，降低成本。桃园杂草种类多，发生量大，使用除草剂后的效应也不一样，其衰死过程的快慢与除草剂种类、浓度和杂草种类、生育期以及土壤气候等条件有关。使用除草剂时，应先了解除草剂的效能和用法，并根据桃园内杂草对除草剂的敏感程度和忍耐性来确定使用除草剂的种类和浓度。桃树根系集中分布在 20～60cm 的土层中，只要除草剂不直接喷洒于树上，药液浓度不超过规定范围，一般不至于产生药害。常用除草剂有敌草隆、莠去净、西马津、阿特拉津、除草醚、草干膦、克芜踪、茅草枯等。

（1）喷药时间。在春季杂草萌芽出苗初期喷 1 次，草多时在雨季来临之前喷第二次。

（2）除草剂种类及用药量。春季杂草萌发盛期可用 25% 敌草隆可湿性粉剂 350～400g/亩；50% 扑草净可湿性粉剂 100～150g/亩；50% 西马津 150～200g/亩；25% 除草醚可湿性粉剂 100～250g/亩，喷雾处理土壤，防效较好。

5. 地膜覆盖法

地膜覆盖是近年来作物土壤管理的一项新技术，经济效益显著。地膜覆盖具有下列作用。

（1）透明聚乙烯膜可提高地温 2～10℃，黑色膜能提高 0.5～4℃。

（2）保持土壤水分，节省灌溉用水 30%。

（3）改良土壤结构，可防止频繁灌溉使表土板结，防止氯

化钠等盐类上升。

（4）与化学除草相比效率高，无毒，适用性广。

（5）增加土壤中 CO_2 含量，可由原来的 32% 增加到 100%，而黑膜可增加 3 倍，促进作物根系生长。

第二节　施肥管理

一、施肥量

1. 影响施肥量的因素

（1）品种。树姿开张性品种如大久保生长较弱，结果早，应多施肥；树姿直立性品种生长旺，可适量少施肥。坐果率高、丰产性强的品种应多施肥；反之则少施。

（2）树龄、树势和产量。树龄、树势和产量三者是相互联系的。树龄小的树，一般树势旺，产量低，可以少施氮肥，多施磷钾肥。成年树树势减弱，产量增加，应多施肥，注意氮、磷和钾肥的配合，以保持生长和结果的平衡。衰老树长势弱，产量降低，应增施氮肥，促进新梢生长和更新复壮。一般幼树施肥量为成年树的 20% ~30%，4 ~5 年生树为成年树的 50% ~60%，6 年生以上的树达到盛果期的施肥量。

（3）土质。土壤瘠薄的沙土地、山坡地，应增加施肥量。肥沃的土地，应相应减少施肥量。

（4）肥料。质量根据肥料的质量和性质确定施肥量，不同的肥料所含营养成分不同，含量也不同，因此，对肥料的用量要求也不同。

2. 施肥量

桃树每生产 100kg 的桃果需要吸收的氮量为 0. 3 ~0. 6kg、吸收的磷量为 0. 1 ~0. 2kg、吸收的钾量为 0. 3 ~0. 7kg。一般高产桃园每年的氮肥施用量以纯氮计为20～45kg，磷肥的施用量以五氧化二磷计为4.5～22.5kg，钾肥的施用量以氧化钾计为15～40kg。

桃树需要的微量元素和钙镁硫等营养元素，主要靠土壤和有机肥提供。土壤较瘠薄、施用有机肥少的桃树，可根据需要施用微量元素肥料。

二、施肥时期

按有机农业和绿色食品生产的要求，桃园施肥要以有机肥为主。在秋施基肥的基础上，根据桃树的年龄时期和各物候期生长发育对养分需求的状况与特点，决定追肥的时期、种类与数量。

1. 基肥

（1）施用时期。基肥可以秋施、冬施或春施，果实采收后尽早施入，一般在9月。秋季没有施基肥的桃园，可在春季土壤解冻后补施。秋施应在早中熟品种采收之后、晚熟品种采收之前进行，宜早不宜迟。秋施基肥的时间还应根据肥料种类而异，较难分解的肥料要适当早施，较易分解的肥料则应晚施。在土壤比较肥沃、树势偏于徒长型的植株或地块，尤其是生长容易偏旺的初结果幼树，为了缓和新梢生长，往往不施基肥，待坐果稳定后通过施追肥调整。

（2）施肥量。基肥一般占施肥总量的50%～80%，施入量4 000～5 000kg/亩。

（3）施肥种类。以腐熟的农家肥为主，适量加入速效化肥和微量元素肥料（过磷酸钙、硼砂、硫酸亚铁、硫酸锌、硫酸锰等）。

（4）施基肥的注意事项。有机肥施用前要经过腐熟。在基肥中可加入适量硼、硫酸亚铁、过磷酸钙等，与有机肥混匀后一并施入。施肥深度要合适，不要地面撒施和压土式施肥。如肥料

充足，一次不要施太多，可以分次施入。

2. 追肥

追肥是在果树生长发育期间施入的肥料。施用追肥作用是及时补充植物在生育过程中所需的养分，以促进植物进一步生长发育，提高产量和改善品质，一般以速效性化学肥料作追肥。

（1）萌芽前后。桃根系春季开始活动期早，所以萌芽前的追肥宜早不宜迟。一般在土地解冻后、桃树发芽前 1 个月左右施入为宜。对树势弱、产量高的大树尤其要追肥，以补充上年树体贮藏营养的不足，为萌芽做好准备。萌芽后，为充实花芽，提高开花坐果能力，也要追肥，以补充树体的贮藏营养。追施的肥料应以速效性氮肥为主。

（2）开花前后。花芽开花消耗大量贮藏营养，为了提高坐果率和促进幼果、新梢的生长发育以及根系的生长，在开花前后追肥应以速效性氮肥，并辅以硼肥。土壤肥力高时，可在花前施，花后不再施。

（3）核开始硬化期。此时，是由利用贮藏营养向利用当年同化营养的转换时期，种胚开始发育和迅速生长，果实对营养元素的吸收开始逐渐增加，新梢旺盛生长并为花芽分化做物质准备。此时的追肥应以钾肥为主，磷、氮配合，早熟品种的氮、磷可以不施，中晚熟品种施氮量占全年的 20% 左右，树势旺可少施或不施，磷为 20% ~30%，钾为 40%。

（4）采前追肥。采前 2 ~3 周果实迅速膨大，增施钾肥或氮钾结合可有效增产和提高品质，采前肥氮肥用量不宜过多，否则，刺激新梢生长，反而造成质量下降。采前肥一般占施肥量的 15% ~20%。

（5）采后补肥。果实采收后施肥，以磷、钾为主，主要补充因大量结果而引起的消耗，增强树体的同化作用，充实组织和花芽，提高树体营养和越冬能力。多在 9—10 月施入。

（6）根外追肥。根外追肥全年均可进行，可结合病虫害防治一同喷施。利用率高，喷后 10～15 天即见效。土壤条件较差的桃园，采取此法追施含硼、锌、锰等元素的肥料更有利。某些元素如钙、铁等在土壤条件不良时易被固定，难以被根系吸收，在树体内又难以移动。因此，常出现缺素症状。采用叶面喷施法，对矫正缺素症效果很好。定植在砂姜黑土上的桃树容易出现缺铁症状，如连续喷施 2～3 遍 0.3% 的硫酸亚铁，缺素症状即可消失。晚熟桃果实生长后期因缺钙而发生裂果，如在果实发育期喷洒 3～4 次氨基酸钙，裂果明显减少。距果实采收期 20 天内停止叶面追肥。

叶面追肥浓度。尿素 0.3%，磷酸二氢钾 0.3%～0.5%，硫酸亚铁 0.2%～0.5%，硼砂 0.3%，硫酸锌 0.1%，氨基酸钙 300～400 倍液。在开花期喷 0.2%～0.5% 的硼砂，生长期喷施 0.1%～0.4% 的硫酸锌。缺铁时喷有机铁制剂；整个生长季都可以喷 3～4 次 0.3%～0.4% 的尿素和 0.2%～0.4% 磷酸二氢钾。

3. 施肥方法

桃根系较浅，大多分布在 20～50cm 深度内，施肥深度在 30～50cm 处。施肥方法一般有环状沟施、放射状沟施、条施和全园普施等。

（1）环状沟施。在树冠外围，开一环绕树的沟，沟深 30～40cm，沟宽 30～40cm，将有机肥与土的混合物均匀施入沟内，填土覆平（图 3－2）。

（2）放射状沟施。自树干旁向树冠外围开几条放射沟施肥，近树干处沟宜浅。

（3）条施。在树的东西或南北两侧，开条状沟施肥，但需每年变换位置，以使肥力均衡。

（4）全园普施。施肥量大而且均匀，施后翻耕，一般应深

图 3-2 环状沟施

翻 30cm。

第三节 灌溉管理

水是桃树各种器官的重要组成成分，又是有机物质合成的主要原料，还是物质代谢和转化的参与者。水对于维持细胞膨压，调节树体温度和土壤的空气、温度状况以及养分供应都具有重要作用。

一、灌水时期

1. 萌芽期和开花前

这次灌水的灌水量要大，以补充长时间的冬季干旱，使桃树萌芽、开花、展叶、提高坐果率和早春新梢生长，为扩大枝、叶面积作准备。

2. 花后至硬核期

灌水量应适中，不宜太多。此时枝条和果实均生长迅速，需水量较多，枝条生长量占全年总生长量的 50% 左右。但硬核期对水分很敏感，水分过多会导致新梢生长过旺，与幼果争夺养分，引起落果。

3. 果实膨大期

此时灌水要适量。一般是在果实采前 20 天左右，此期的水分供应充足与否对产量影响很大。此时，早熟品种在北方还未进入雨季，需进行灌水。中、早熟品种成熟以后（石家庄地区 6 月底）已进入雨季，灌水与否以及灌水量视降雨情况而定。灌水过多，有时会造成裂果、裂核。

4. 休眠期

我国北方秋、冬干旱，在入冬前充分灌水，有利桃树越冬。灌水的时间应掌握在以水在田间能完全渗下去，而不在地表结冰为宜。石家庄地区以 12 月初为宜。

二、灌水方法

1. 地面灌溉

有畦灌和漫灌，在地上修筑渠道和垄沟，将水引入果园。我国大部分桃园采用此方法。

2. 喷灌

喷灌比地面灌溉省水 30% ~50%，喷布均匀、减少土壤流失，节省土地和劳力，便于机械化操作。

3. 滴灌

将灌溉用水在低压管系统中送达滴头，由滴头形成水滴后，滴入土壤而进行灌溉，用水量仅为沟灌的 1/5 ~ 1/4，是喷灌的 1/2 左右，不破坏土壤结构，不妨碍根系的正常吸收，节省土地、增加产量。在我国缺水的北方，应用前途广阔。

三、灌水与防止裂果

1. 易裂果的品种

有些桃品种易发生裂果，如中华寿桃、21 世纪，一些油桃品种也易发生裂果。

2. 水分与裂果的关系

试验表明，在果实生长发育过程中，尤其是接近成熟期时，如土壤水分含量发生骤变，裂果率增高；土壤一直保持相对稳定的湿润状态，裂果率较低。为避免果实裂果，要尽量使土壤保持稳定的含水量，避免前期干旱缺水，后期大水漫灌。

3. 防止裂果适宜的灌水方法

滴灌最理想，可为易裂果品种生长发育提供较稳定的土壤水分，有利于果肉细胞的平稳增大，减轻裂果。漫灌，应在整个生长期保持水分平衡，果实发育的第二次膨大期适量灌水，保持土壤湿度相对稳定。

第四章　桃规模生产花期管理

第一节　桃花期生育特点

一、花的种类

桃花有 2 种，一种称蔷薇型又叫大花型，一种称铃型又叫小花型。桃的多数品种能自花授粉，但一部分品种花粉不育，所以，对于没有花粉的品种必须配置授粉树。

二、花芽分化与形成

桃的花芽属夏秋分化型，具体分化时间依地区、气候、品种、结果枝的类型、栽培管理的状况、树势、树龄等方面的不同而差异，6—8 月是花芽分化的主要时期。

此时，新梢大部分已停止生长，养分的积累为花芽分化奠定了基础。花芽基本形成后，花器仍在继续发育，直至翌春开花前才完成。

桃的全树花芽分化前后可延续 2 ~ 3 周，一般情况下，幼树比成年树分化晚，长果枝比中、短果枝分化晚，徒长性结果枝及副梢果枝分化更晚。环境条件、栽培技术的优劣，都能影响花芽分化的时期和花芽分化的质量与数量。桃极喜光，花芽分化时期如日照强，温度高，阴雨天气少，树冠结构合理，通风透光良好，就能促进花芽的分化。在树冠外围光照充足处，则花芽多而

饱满，反之则花芽小而少。在栽培技术上，凡有利于枝条充实和营养积累的各种措施都能促进花芽的分化，如幼年树适当控氮肥，加强夏季修剪，改善通风透光条件，成年树采后及时追施基肥等，是促进分化的有效措施。

三、授粉受精和果实发育

桃的自花结实率很高，但也有许多品种如仓方早生、大团蜜露等，必须配置授粉树，或进行人工辅助授粉，才能正常结果。桃的结实率与花期的温度有关，花期温度高，则结实率高，在10℃以上，才能授粉受精，最适温度为12～14℃。

第二节　桃花期管理

一、促进花芽形成

1. 合理负载

花芽分化需要大量蛋白质、淀粉、糖类和核糖核酸等物质的积累。只有合理负载，才能为花芽形成提供足够的物质基础。

2. 肥水调控

在新梢进入缓慢生长期时，花芽开始生理分化，此期应控氮增磷，适当减少土壤水分，增加细胞液浓度，促进花芽的分化。采收后增施肥水，进一步促进花芽形态分化。萌芽前追肥灌水，有利于花芽性细胞的分化和成熟。

3. 增加光照

桃树喜光，对光照敏感，光照差则影响花芽分化。冬剪时锯除多余大枝，疏除密挤枝、纤细枝、拖地枝、病虫枝等。桃树枝梢量大，应注重夏剪，随时疏除过密枝，合理开张枝条角度，使树体枝枝见光，叶叶见光，增加光合产物，促进花芽分化。

4. 保护叶片

叶是制造营养物质的工厂，叶片健壮浓绿则光合能力强，各类成花物质和生理活性物质积累多，有利于花芽形成。生产中要加强采收后树体管理，防止早期落叶，影响花芽分化。

5. 激素调节

在桃树花芽生理分化前，对幼树、过旺树喷施多效唑可抑制营养生长，促进花芽分化。黄淮地区一般在 7 月上中旬进行，多效唑喷施浓度视土壤肥力和树势而定，正常情况下喷 15% 的多效唑可湿性粉剂 200 ~ 250 倍液。

二、花前管理

1. 病虫防治

萌芽前喷 5 波美度石硫合剂，防治越冬病虫。萌芽期喷 50% 的抗蚜威乳油 1 500 倍液或 3% 啶虫脒乳油 1 000 倍液，防治蚜虫。

2. 土壤管理

花蕾期花芽性细胞继续分化，雄蕊形成花粉粒，雌蕊形成卵细胞。此期追施速效氮肥，适量灌水，疏松土壤提高地温，有利于性细胞的发育和成熟。

3. 疏蕾

为节约树体营养，有利于花的开放和幼果生长，大年树、弱树、坐果率高的树应进行疏蕾。对预备枝、弱枝上的花蕾可全部疏除，一般果枝每隔 1 节或 2 节留 1 ~ 2 个花蕾，其余疏除。

三、花期管理

1. 授粉

露地栽培桃园，自花结实品种，在天气正常的情况下，不需进行人工授粉。自花不育品种及设施栽培桃，必须进行人工授粉

或蜜蜂授粉。

（1）授粉时间。在花开 10% ~20% 时进行，2 ~3 天结束。花开 1 ~3 天内，柱头分泌黏液多，授粉坐果率高，为最佳授粉期。一天内早上露水干后至太阳落山前均可授粉。

（2）授粉品种。桃授粉品种一般以大久保为主，其花期早、花粉量大、亲和力强，人工授粉效果最好。

（3）花粉制作。授粉前 2 ~3 天，是制取花粉的最佳时机。方法是选择生长健壮的大久保桃树，摘取含苞待放的花蕾，及时用手揉搓，使花药脱离雄蕊，然后用细筛筛一遍，除去花瓣等杂质。将花药薄薄地铺在报纸上，置于室内阴干，室内要求干燥、通风、无尘，温度控制在 20 ~25℃，温度过低，花药不易开裂，散粉速度慢，温度过高，影响花粉的生命力，注意切不可将花药在阳光下暴晒或烘烤。24 小时后将阴干开裂的花药过细箩，除去杂质，即可得到金黄色的花粉。将花粉装入棕色玻璃瓶中，放在 0℃以下的冰箱内储存备用。

（4）人工授粉。采用人工授粉技术，可有效地提高坐果率，提高桃果的品质，是增强桃果市场竞争力、增加果农收入的有效手段。

①人工点授：首先准备 5cm 长的自行车气门芯，一端套在火柴棒上，一端往回翻卷 0.5cm，点授授粉器即制作完成。选择晴朗无风的天气，在 10：00 ~15：00 进行点授授粉。用点授授粉器气门芯一端蘸取花粉，点授到新开的花的柱头上，每蘸一次花粉，可授 3 ~4 朵花。新开的花花瓣新鲜，柱头上有黏液，此时授粉容易受精，授粉效果好。花粉要随用随取，不用时放回原处。授粉量要看树的大小、树势强弱、技术管理水平等因素来确定。一般点授一次达不到授粉量，因此需要授粉 3 ~4 次才能完成。

②人工撒粉：将花粉与干净无杂质的滑石粉或细干淀粉按

(1：10) ~20 的比例，充分混合均匀后，装入纱布袋中，将纱布袋固定在长竹竿顶端，然后在盛花期的树冠上抖动，使花粉飞落在柱头上，从而提高坐果率。

(5) 蜜蜂授粉。采用蜜蜂授粉能极大提高坐果率，15 亩桃园放蜜蜂 4 ~5 箱，放蜂前不得使用对蜜蜂有毒的农药。

2. 疏花

(1) 疏花时期。人工疏花，一般在蕾期和花期进行，原则上越早越好。花蕾露瓣期即花前 1 周至始花前是花蕾受外力最易脱落的时期，是疏蕾的关键时期。疏花要根据天气情况进行，天气好，授粉充分可早疏；开花不整齐宜晚疏。另外，成年树可早疏，幼树晚疏。一般品种在盛花期已易分辨优劣时进行为宜，对于坐果高的品种，疏花应选择蕾期或开花期，注意此期如遇低温或多雨，可不疏花或晚疏花。

(2) 疏花方法。疏花应先上后下，从里到外，从大枝到小枝，以免漏枝和碰伤不该疏除的花果。人工疏花主要是疏摘畸形花（如花器发育不全，多于或少于五瓣的花，双柱头及多柱头的花）、弱小的花、朝天花、无叶花，留下先开的花，疏掉后开的花；疏掉丛花，留双花、单花；疏基部花，留中部花。全树的疏花量约 1/3。留花的标准：长果枝留 5 ~6 个花，中果枝留 3 ~4 个花，短果枝和花束状果枝留 2 ~3 个花，预备枝上不留花。保证树体每平方米空间留果在 120 个左右。幼树主枝及侧枝延长枝先端 30 ~50cm 的花疏除，成年树主要对结果枝背上和基部、花束状结果枝和无叶芽枝条的花蕾疏除，由于长果枝疏花后易引起新梢徒长，一般不疏花蕾。

幼树、旺树可轻疏，老树、弱树可重疏，坐果差、有生理落果特性的品种轻疏，坐果率高、实施人工授粉的品种可重疏。易受晚霜、风沙、阴雨危害的地区，可适当控制疏花疏蕾。

3. 防霜冻

我国北方桃树开花期多在终霜期以前，常因花期霜冻而减产。桃花最易受冻的是雌蕊，其次是雄蕊和花瓣。为正常开花坐果应采取措施，预防花期冻害。

（1）搞好采后管理，增加树体贮备营养，提高花芽质量，增强抗冻能力。

（2）果园灌水和种植绿肥，调节花期地温和桃园小气候，有一定防霜冻效果。

（3）当天气预报有霜冻时，预先备好柴草、树叶、锯末等，分散置于桃园，气温下降到0℃时开始熏烟。

（4）桃园建防风林，能减轻平流霜冻的危害。

（5）受冻后，及时做好晚花授粉工作，减少冻害损失。

第五章　桃规模生产果实发育期管理

第一节　桃果实生育特点

一、第一次迅速生长期

授粉受精后，子房开始膨大，至嫩脆的白色果核自核尖呈现浅黄色，果核木质化开始，即是果实第一次迅速生长结束的标志。此期果实体积、重量均迅速增长。果肉细胞分裂可持续到花后3～4周才趋缓慢，其持续时间大约为果实生长总日数的20%。本期内桃的胚乳处于游离核时期。桃的受精卵经过短期休眠，发育成胚。

二、生长缓慢期

生长缓慢期也称硬核期。自核层开始硬化至完全硬化，这一时期果实体积增长缓慢，果核长到该品种固有大小，并达到一定硬度，果实再次出现迅速生长而告结束。这时期持续时间各品种之间差异很大，早熟品种经1～2周，中熟品种4～5周，晚熟品种持续6～7周。此期内胚迅速发育，由心形胚转向鱼雷胚、子叶胚；至本期末，肥大的子叶已基本填满整个胚珠。胚乳在其发育的同时，逐渐被消化吸收，而成为无胚乳的种子。珠心组织也同时被消化。

三、第二次迅速生长期

果实厚度显著增加。果面丰满，底色明显改变并出现品种固有的彩色，果实硬度下降，并富有一定弹性，即为果实进入成熟期标志。此时期，果实重量的增加占总果重的50%～70%，增长最快时期约在采前2～3周。种皮逐渐变褐，种仁干重迅速增长。此期持续时间的长短，品种间变化很大。桃果实的生长与核、胚的生长有密切关系。果实有2个生长高峰，果实缓慢生长期出现在种子生长的高峰。当胚生长停顿时，果实进入第二次迅速生长期。

第二节　桃果实管理

一、疏果

疏果能有助于促进留下的果实发育增大及品质提高，还能防止结果大小年，达到高产稳产，并有减少病虫为害，节省套袋和采收劳力等作用。从效果上看，疏果不如疏花。

1. 留果量

留果量的标准主要依据树龄、树势、品种和管理水平而定。

（1）以产定果法。根据经验，一般早熟品种亩产1 500kg，中熟品种亩产2 000kg，晚熟品种亩产2 500kg，可以达到优质的目标。以早熟品种亩产1 500kg计，若平均单果重120g，则每亩留果数＝1 500×1 000（1kg＝1 000g）÷120＝12 500个，加上10%的保险系数12 500×10%＝1 250个，则每亩留果数应为12 500＋1 250＝13 750个。

如果按3m×5m的株行距，即每亩44株，平均每株留果数＝13 750÷44＝313个，再分配到每个主枝上，一般为三主枝自然开心形，则每主枝留果数 313 ÷ 3 = 104 个。

（2）果枝定量法。在正常冬季修剪的情况下，根据果枝的类别确定留果量，一般中果型的品种，长果枝留 3 ~ 4 个果，中果枝留 2 ~ 3 个果，短果枝、花束状果枝不留果或留 1 个果；大果型的品种，长果枝留 2 ~ 3 个果，中果枝留 1 ~ 2 个果，短果枝不留果或留 1 个果，结果枝组中的花束状果枝 3 个留 1 个或不留果。具体还要根据品种的结果习性，如南方品种群，以中长果枝结果为主，可以按上述标准；北方品种群以中短果枝结果为主，就要在中短枝上多留果。

（3）间距定果法。在正常修剪、树势中庸健壮的前提下，立体空间内，树冠内膛每 20cm 留 1 果，树冠外围每 15cm 留 1 果。

（4）主干截面法。主干越粗承受的结果能力就越强，主干单位截面积上的产量称为生产能力，用千克/平方厘米表示，一般来说，桃树的生产能力为 0.4kg/cm^{2}左右。根据主干的粗度就可以确定产量，计算方法：先测出干周（L），株产 $w = 0.4 \times L^2/4\pi = 0.0318\ L^2$kg。例如，干周 35cm，则株产 $w = 0.4 \times 35^2/4\pi = 0.0318 \times 35^2 = 38.995$kg，若平均单果重 120g，则每株留果数为 38.995 × 1 000 ÷ 120 = 325 个。

（5）叶果比法。叶果比一般为 20 ~（50：1），具体根据树势、果实大小确定。早熟品种一般 20：1，中熟品种一般 30：1，晚熟品种一般（40 ~ 50）：1。疏果时注意疏少叶果，留多叶果，留单不留双。

2. 疏果时期

疏果，目前以人工疏除为主，宜早不宜迟，可分 2 次进行：第一次在生理落果后（约谢花后 20 天）开始，疏除小果、黄萎果、病虫果、并生果、无叶果、朝天果、畸形果，选留果枝中上部的长形果、好果。疏果量应占坐果量的 50% ~ 60%。已疏花

的树，可不进行第一次疏果。第二次疏果也叫定果，在第二次生理落果后（谢花后40天左右）进行，早熟品种、大型果品种宜先疏，坐果率高的品种和盛果期的树宜先疏；晚熟品种、初果期树可以适当晚疏。

有些果园只进行1次疏果，即1次定果，为了促进果实发育，1次定果时应及早进行。

3. 疏果方法

壮树多留、弱树少留、壮枝多留，弱枝少留，骨干枝和领导枝上不留，小果型品种适当多留，大果型品种则少留，树体上部多留果，下部少留果。疏果要按预先确定的负载量，外加5%的保险系数。若预先确定留果300个，则实际留果量为300×1.05=315个。疏果的顺序通常是先上后下，由内向外，从大枝到小枝，按枝逐渐进行。对一个枝组来说，上部果枝多留，下部果枝少留，一般长果枝上以留中上部果为好，中短果枝以留先端果为好。

疏果时，掌握留大去小、留优去劣、均匀分布的原则，第一次疏果主要是疏除小果、双果、畸形果、病虫果；其次是朝天果、果枝基部果、无叶果枝上的果和花束状结果枝上的果实，延长枝头（幼树）和叉角之间的果全部疏掉不留。选留果形大、形状端正的果，这种果将来可长成大果。选留部位为果枝两侧、向下生长的果为好，便于以后打药和采摘。第二次疏果，根据树势、树龄、果型大小和生产条件等确定留果量，保留无病虫、大小适中、浓绿色、果面光洁、纵径长的果实，保留生长在结果部位良好处的果实，如外围结果枝留斜向下的果实，内膛结果枝留斜向上的果实（图5-1）。

二、套袋

果实套袋作为一项生产优质、高档果品的重要技术措施，越

图5-1　疏果

来越受到人们普遍重视，由于套袋果的优质高价，套袋技术的日益成熟，果实套袋已慢慢被栽培者接受，已成为生产高档果的重要措施。

1. 套袋的优点

（1）提高果品质量。套袋可以促进果实果面洁净、光泽度高、色泽艳、茸毛少而短嫩、果肉鲜嫩，外观质量提高，油桃品种可明显减轻锈斑和裂果，商品性能大大提高。

（2）减轻病虫为害及农药残留。果实套袋可以保护果实，防止病虫危害，桃疮痂病、桃穿孔病和桃小食心虫、桃蛀螟对果实的危害可明显减轻，同时，相应减少了农药用量，避免农药污染和减少农药在果实中的残留量，提高了桃子的安全卫生质量。

（3）防止裂果。套袋后改善了果实的小环境，能减轻果实的裂果，特别是对于中晚熟品种和油桃品种效果明显。

（4）防止自然灾害。对果实套袋，防止空气中有害物质及酸雨污染果实，可以有效防止日灼和鸟害，减轻冰雹危害。

2. 套袋的技术

（1）袋子的选择。一般以纸袋为主，选用材质牢固、耐雨

淋日晒、透明度较好的袋子，目前果袋有报纸袋、套袋专用纸袋、塑膜袋、无纺布袋 4 种。

桃套塑膜袋效果差，不提倡使用。

无纺布袋仅限于南方热带桃产区用，大多数桃产地很少使用。

报纸袋是用旧报纸，剪裁成 16 开大小，用胶水粘贴成信封式的纸袋，每张大报纸可做 16 个，也可用牛皮纸制作。报纸袋比专用纸袋成本低，效果一般，同时，由于报纸有油墨和铅等污染，果实外观易受影响。

专用纸袋采用特制纸，经过一定的药物及挂蜡等有关理化指标处理，耐水性强，抗日晒，不易破损，效果最好。桃专用纸袋大小多为 19cm × 15cm，可分为单层袋和双层袋，一般使用白色、黄色、橙色 3 种颜色，单层袋分为有底袋和无底袋两种，双层袋外袋为橙黄色深色袋，内袋为白色防水袋或有色袋，内袋无底。易着色的油桃和不着色的桃适宜用单层浅色的纸袋，如油桃华光在北方地区应首先选用白色单层纸袋，在南方地区也可用浅黄色纸袋；中熟桃如红色品种最好采用单层黄色袋；晚熟桃如中华寿桃用双层深色袋效果最好。

（2）套袋的时间。桃盛花后 30 天内要进行严格疏果，在第二次生理落果（硬核期）即谢花后 50 ~ 55 天进行套袋，此期疏果工作已完成，病虫大量发生前特别是桃蛀螟产卵前进行，一般在 5 月中下旬开始套袋，套袋时间以晴天上午 9：00 ~ 11：00 和下午 15：00 ~ 18：00 为宜。

（3）套前喷药。套前先疏果定果，然后对全园进行一次大扫除，在晴天对树体和幼果喷施一次杀虫剂和保护性杀菌剂，杀死果实上的虫卵和病菌，可用 5% 来福灵 2 000倍液 + 25% 灭幼脲 1 500倍液 + 10% 多抗霉素 1 000倍液，加入 0. 1% 磷酸二氢钾、0. 3% 尿素混合肥液喷施。

（4）套袋方法。套袋前3~5天将整捆果袋用单层报纸包好埋入湿土中湿润袋体，可喷水少许于袋口处，以便扎紧袋口。果园喷药后应间隔2~3天再套袋。套袋应在早晨露水干后进行。套袋时应先将袋口撑开托起袋底，果袋撑至最大，将幼果套入袋中，使幼果处于袋体中央，在袋内悬空。因为，桃的果柄短，不同于苹果、梨，要将袋口捏在果枝上用袋内铁丝或订书钉等扎紧（图5-2）。

图5-2　套袋

注意不要将叶片套入袋内，套袋应遵从由上到下、从里到外、小心轻拿的原则，不要用手触摸幼果，不要碰伤果梗和果台。另外，树冠上部及骨干枝背上裸露果实应少套，以避免日烧病的发生。

（5）套袋后的管理。套袋桃园加强肥水管理和叶片保护，以维持健壮的树势，满足果实生长需要。由于套袋栽培果实中含钙量下降，易患苦痘病等，在7—9月每月喷1次300~500倍液的氨基酸钙或氨基酸复合微肥。果实膨大期、摘袋前应分别浇1次透水，以满足套袋果实对水分的需求和防止日灼；除进行果园

全年正常病虫防治外，套袋前1～2天全园喷1遍杀菌剂和杀虫剂，以有效地防治烂果病、棉铃虫、蚜螨类等病虫的为害。药剂包括喷克600倍液、70%甲基托布津800倍液、宝丽安1 500倍液等，不要用有机磷和波尔多液，防止果锈产生。果实袋内生长期应照常喷洒具有保叶和保果作用的杀菌剂，以防菌随雨水进入袋内为害。采收后，将用过的废纸袋及时集中烧毁，消灭潜伏在袋上的病虫源，以减少翌年的为害。

三、摘袋

1. 摘袋方法

摘袋时期依袋种、品种、气候、立地条件不同而有较大差别，浅色袋不用去袋，采收时果与袋一起摘下；一般在果实采收前10天左右解袋，在果实成熟前对树冠受光部位好的果实先进行解袋观察，当果袋内果实开始由绿转白时，就是解袋最佳时期，先解上部外围果，后解下部内膛果，解袋时日照强、气温高的情况下容易发生日灼，最好在阴天或多云天气下解袋，晴天时，一定要避开中午日光最强的时间，一天中适宜解袋时间为9：00～11：00，15：00～17：00，上午解除北侧的纸袋，下午解除南侧的纸袋。对于单层袋，易着色品种采前4～5天解袋，不易着色品种采前10～15天解袋，中等着色品种采前6～10天解袋，先将袋体撕开使之于果实上方呈一伞形，以遮挡直射光，5～7天后再将袋全部解掉；对于双层袋，采前12～15天先沿袋切线撕掉外袋，内袋在采前5～7天再去掉，解袋以后需将遮挡果实的叶片摘掉，使果实全面浴光，使之着色均匀。果实成熟期见雨水集中地区、裂果严重的品种也可不解袋。

2. 摘袋后的配套措施

及时摘叶，果实着色期，即在果实成熟前，直射光对果实着色有较大的影响，由于叶片较多，果实着色可能不均匀，此时，将挡光的叶片或紧贴果实的叶片少量摘去，可使果实着色均匀，是摘叶的关键时期。摘叶时不要从叶柄基部掰下，要保留叶柄，用剪刀将叶柄剪断；铺反光膜能促进果实着色，反光膜反射的散射光，对内膛和树冠下部的果实着色非常有利。

第三节　桃果实品质管理

一、防止落果

（1）加强树体管理，形成健壮饱满、数量适宜的优质花芽，提高花芽的抗灾害能力和授粉受精能力。

（2）对无花粉和白花结实率低的品种，合理配置授粉树。认真落实授粉措施，确保授粉受精良好。

（3）花期遇到不良天气，如阴雨、风沙、高温和晚霜危害，采取防护措施降低危害程度，灾后补充授粉并喷施坐果灵。

（4）早疏果、早定果，避免因营养不足引起的幼果脱落。

（5）合理调控肥水，控制新梢过旺生长，使营养多供应果实。

二、改善光照

（1）合理修剪。冬剪时留出适当的行间和株间距离，使桃园整体通风透光良好。夏季疏除外围及内膛直立枝、徒长枝、过密枝，提高果实和叶片受光量，增强光合效能，改善外观色泽，增加内在品质。

（2）铺反光膜。树冠上部和外围光照好，果实易着色，可溶性固形物含量也高。通过铺银色反光膜增加反射光，促使下部果实改善外观和内在质量。

（3）摘叶转果。果实成熟前是着色的关键时期，有些果实

周围叶片较多，往往不能着色而形成花斑，严重影响外观。摘除挡光叶片，扭转果实方向，可使果实着色均匀。

三、调控肥水

多施有机肥，少施氮肥，增施钾肥和钙肥，能控制树体旺长，增加果实可溶性固形物含量。成熟期适度控水，使土壤湿度保持在田间最大持水量的65%～70%，对提高果实含糖量至关重要。

四、减少农药残留

病虫害防治时，加强预测预报，抓住有利时机消灭病虫，减少用药次数和用药量。尽量采用农业、物理、生物防治方法控制病虫害，少用化学农药，降低果实农药残留量。

五、适期采收

桃果只有达到食用成熟度时品质最佳，分批选采，使每个果实都达到食用成熟度，是提高品质最简便有效的措施。

第六章　桃规模生产整形修剪管理

第一节　桃树的常见树形

栽种桃树，要根据地力、管理水平、密度和品种等条件来选定不同的树形，桃树的树体结构比较简单，整形也比较容易，根据其喜光性强的特点，要因树修剪，随枝造型，目前生产中常用的树形，多为没有中心领导干的两主枝自然开心形、三主枝自然开心形等，为适应密植栽培，主干形也开始大量应用。

一、两主枝自然开心形

适于露地密植（大行距，小株距）和设施栽培（图6－1）。

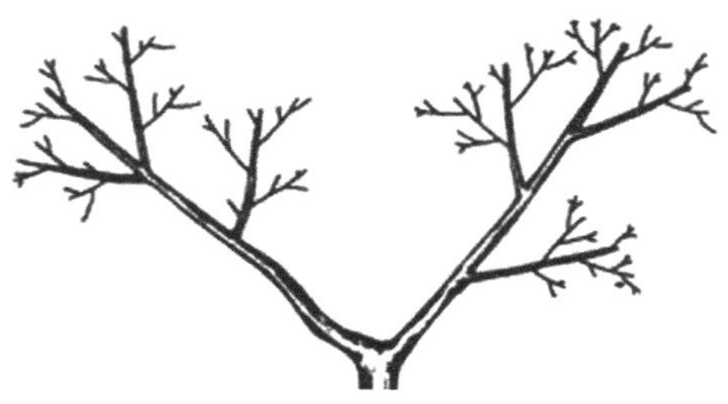

图6－1　两主枝自然开心形

1. 树体结构及优点

树高2.0m，干高50～60cm，全树只有2个主枝，配置在相

反的位置上，两主枝呈180°伸向行间。在距地面1m处培养第一侧枝，第二侧枝在距第一侧枝50～70cm处培养，方向与第一侧枝相反。两主枝的角度是60°左右，侧枝的开张角度为80°，侧枝与主枝的夹角保持约60°。在主枝和侧枝上配置结果枝组和结果枝。

（1）成形容易，早结果，丰产性强。

（2）光照条件好，果实品质高。

（3）有利于机械化作业，提高生产效率。

（4）树形整齐一致，便于田间统一管理。

2. 两主枝开心形树体成形过程

（1）成苗定干高度70cm，在10cm的整形带内选留2个对侧的枝条作为主枝。

（2）第一年冬剪，主枝拉枝长放或剪留长度50～60cm，剪口留背下芽。

（3）第二年冬剪，选出第一侧枝。

（4）第三年冬剪，在第一侧枝对侧选出第二侧枝。

（5）其他枝条按培养枝组的要求修剪，到第四年树体基本形成。

二、三主枝自然开心形

适合于株行距（3～4）m×（4～5）m的栽植方式，是目前露地栽培桃树的主要树形之一（图6－2）。

1. 树体结构及优点

主干高30～50cm，主干上分生三主枝，互成120°，主枝开张角度55°～60°，每个主枝上培养2～3个侧枝，开张角度70°～80°。

（1）主枝少，骨干枝间距离大，光照好。

（2）结果枝组寿命长。

图 6－2 三主枝自然开心形

（3）树体较易培养和控制。

（4）丰产稳产，树体寿命长。

2. 成形过程

（1）定干。成苗定干高度为 50～70cm，剪口下 20cm 内要有 5～6 个以上饱满芽。

（2）第一年冬季修剪，选出 3 个错落的主枝，互成 120°，主枝尽量伸向行间。短截到饱满芽处，剪口留背下芽。

（3）第二年冬季修剪，在每个主枝上同一侧（1m 左右）选出第一侧枝。

（4）第三年冬季修剪，在每个主枝上另外一侧（间隔 1m 左右）选出第二侧枝。

（5）第四五年，对主枝延长枝剪留长度 40～50cm。为增加分枝级次，生长期可进行两次摘心。生长期用拉枝等方法，开张角度，控制旺长，促进早结果。

三、主干形

高光效高产树形，适于设施栽培和露地密植栽培，也是目前推广的树形（图6－3）。

图6－3　主干形

1. 树体结构和优点

干高40～50cm，树高2.5～2.8m，有1个强壮的中心干，外形像细长纱锭。在中心干上每隔15cm留1个结果枝组，全树共留12～15个。伸展方向呈螺旋状上升，没有明显层次，相邻结果枝组上下不重叠，左右不交叉，与主干夹角70°～80°，树体呈细长纺锤形。

该树形的修剪应采用长枝修剪技术，一般不进行短截。在露地栽培条件下，应选用有花粉、丰产性强的中晚熟品种。早熟品种采收后仍正值高温高湿季节，由于没有果实的压冠作用，新梢生长量大，难于有效控制。无花粉品种如在花期遇不良气候，会影响坐果率，果少易导致营养生长过旺，树体上部直立枝和竞争枝多，适宜结果枝少。

此树形结构简单，成形快，易修剪。早丰产，单产高。适宜株行距（1~2）m×（1.5~3）m的密植园和设施栽培桃园。应防止行间株间枝条交叉，保持通风透光良好。

2. 成形过程

（1）定植当年。定干高度50~60cm，新梢长到30cm，在树旁立1根竹竿，选剪口下壮旺新梢作中心干延长枝，将其绑缚在立竿上。抹除整形带以下的萌芽，留下的枝条通过拿枝开张角度并削弱生长势，扶持中心干生长。主干带头新梢每生长40~50cm摘心1次，促发副梢。每次摘心后，最上部壮旺副梢作主枝延长头绑缚在竹竿上，其余副梢摘心培养结果枝组，生长季节可摘心3~4次。秋季在距地面40cm以上选留结果枝组，只要大小符合条件就将其保留，伸展方向和角度不合适的，通过拉枝将其调整到位。

冬剪时中心干剪留40~50cm，各结果枝组带头枝中短截并疏除背上直立枝，其余枝条密者疏除。肥水充足，管理得当者，当年树高可达2m，结果枝组达10个。

（2）定植后第二年。夏季继续将中心干延长头引缚在立竿上，其剪口下萌发的竞争枝，用拿枝、拉枝的方法培养成结果枝组。延长头新梢长到40cm时继续摘心，从萌发的副梢上选留结果枝组。延长头以下各结果枝组上萌发的枝条，疏除徒长枝、直立枝，对其余枝条摘心、剪梢，完善结果枝组。

冬剪时树高已符合要求的，中心干延长头在弱枝处落头，控制延伸。树高未达到要求的，仍对延长头短截。对中心干上选留的结果枝组，通过留剪口芽的方向或撑枝、拉枝，调整伸展方向和开张角度，使之符合树形要求。

（3）定植后第三年。桃园已进入丰产期，整形工作基本完成，更应注意结果枝组的培养和更新。

3. 注意事项

（1）中心干必须强壮并有一定的尖削度，才能保持对结果枝组的领导优势和立地牢固，防止大量结果后树体歪斜。整个树体成下大上小形状，结果枝组错落排列在中心干上。

（2）树高不超过 2.8m，行内形成树墙，行间留出作业道，使之整体通风透光，才能优质高产。

（3）因栽培密度大，应重视夏季修剪，及时疏除徒长枝、直立枝、过密枝。冬剪时，更新复壮结果枝组，合理负载，延长桃树经济寿命。

第二节　桃树的修剪方法

一、基本修剪方法

1. 长放

1 年生枝不动剪或只剪去其上部的副梢称为长放。轻剪长放后，发芽率和成枝力高，但所发的枝长势不强，总生长量大，可起到分散养分、促进发枝、成花的作用。对幼树和旺树，应用轻剪长放，可以缓和生长势，有利于提早结果。

2. 短截

短截是把 1 年生枝条剪去一部分，以增强分枝能力，降低发枝部位，增强新梢的生长势。短截常用于骨干枝延长枝的修剪，以达到培养结果枝组，更新复壮等目的。枝条短截后，对于枝条的增粗、树冠的扩大以及根系的生长均有抑制和削弱作用。短截后由于改变了枝条顶端优势，对剪口下附近的芽有局部的促进生长作用，可促进芽萌发，促进新梢生长。因此，对幼树、旺树应尽量轻短截，以求缓和生长势，有利于早结果；对衰老树、弱树以及细弱的枝条短截时，修剪量适当加重，以增强生长势。根据短截的程度不同，分为轻短截、中短截、重短截、极重短截。

（1）轻短截。轻微剪去枝条先端的盲节部分。轻短截后发芽率和成枝力增强，但所发的枝条长势不强，枝条总生长量大，发枝部位多集中于枝条饱满芽分布枝段，多集中在中部和中上部，下部多为短枝或叶丛枝。

（2）中短截。剪去一年生枝全长的1/2。翌年萌发的新梢一般生长势较弱。

（3）重短截。剪去一年生枝全长的2/3～3/4。翌年能萌发出几条生长强旺的枝条，常用于发育枝做骨干枝的延长枝修剪，对于徒长性结果枝的修剪也用此法。

（4）极重短截。剪去一年生枝的绝大部分，仅留基部1～2个芽。常用于长果枝的更新培养。

3. 疏剪

将枝条从基部完全剪除称为疏剪。疏剪主要是使枝条疏密适度，分布均匀，改善树冠的通风透光条件，增进枝梢发育能力和花芽分化能力。一般是疏除过密枝、重叠枝、交叉枝、竞争枝和病虫枝。疏枝往往对其下部枝有促进作用，对上部枝有抑制作用，疏的枝越粗，伤口越大，这种作用越明显。疏枝减少了树的枝叶量，疏枝过重会明显削弱全枝或全株的长势。疏剪还可以用于平衡树势，整形时骨干枝生长不平衡，可对旺枝多疏，弱枝多留，逐渐调节平衡，初果期树，多是去强留弱，盛果后期树，则是去弱留强。

4. 缩剪

多年生枝在2～3年生枝段上截去一部分称为“缩剪”，又称“回缩”，可以调节长势、合理利用空间和更新复壮。桃树对缩剪的反应，则与被剪母枝的大小、年龄和剪口枝的强弱有关。缩剪的母枝本身较弱，而剪口枝较强，可刺激剪口枝的生长，达到复壮的目的；如果剪口枝也很弱，“弱上加弱”反而会严重削弱

母枝的生长；被剪母枝和剪口枝都较强，缩剪量也不大，可促进剪口处的单芽枝萌生较强的中长果枝，恢复大枝中下部枝条的长势。

5. 抹芽、除萌

桃芽萌发后，抹去梢上多余的徒长性芽、剪锯口下的竞争丛生芽称为抹芽。芽萌发后长到 5cm 时及时将嫩梢去掉称为除萌，一般双枝可去一留一，并按整形要求调节角度和方向，对于幼树，延长枝要去弱留强，背上枝要去强留弱或全部抹除。抹芽、除萌可以减少无用的枝梢，节省树体养分，改善光照条件，并可减少因冬剪疏枝而造成的大伤口。

6. 摘心剪除（摘除）

新梢顶部一段幼嫩部分称为摘心。摘心可使枝条暂时停止加长生长，提高枝条中下部营养，促进枝芽充实，有助于花芽分化。不进行摘心的枝条，饱满花芽多分布在枝条中上部，冬剪必须长留，结果部位易上移。对骨干枝延长枝摘心可促进萌发分枝，选留侧枝，同时，利用外分枝作延长枝加大骨干枝角度。新梢生长前期，在有空间的部位利用徒长枝，留下 5 ~ 7 节摘心，促使早萌发副稍，这样的副梢可以分化较饱满的花芽，而形成较壮的结果枝。

7. 拉枝

拉枝是调整骨干枝角度和方位，缓和树势，提早结果，防止枝干下部光秃无枝的关键措施，拉枝有利于缓和树冠内外的生长势差别，削弱顶端优势，改善树冠内膛光照条件，并有空间培养结果枝组。

拉枝宜于 9 月新梢缓慢生长时进行，此时，气温较高，光照稍好，秋梢已停长，有利于树体养分回流。如果春天拉枝，对于 1 ~ 2 年生的幼树，主枝还未培养成形，此时拉枝势必削弱新梢生长，影响主枝形成，不利于幼树迅速扩大树冠。

拉枝角度应根据树形要求确定拉开的角度，自然开心形一般把主枝拉成40°～45°角，把侧枝或大枝拉成80°角左右，使被拉枝的上、下部能抽出枝条，不易出现下部光秃，如果拉成90°角以上，会使被拉枝先端衰弱，后部背上枝旺长，如果拉枝角度过小，易产生上强下弱，如果拉成“弓”形，在弓背上易抽生强旺枝，达不到拉枝开角的目的。因此，应掌握好拉开的角度，不宜过大过小。拉枝方法可因地制宜，采用“撑、拉、别、拽”等方法均可。

8. 剪梢

在新梢半木质化时，剪去其一部分称为“剪梢”。一般是在新梢生长过旺，不便再进行摘心，或错过了摘心时间的旺枝，可通过剪梢来弥补，其目的和效果大体与摘心相似。剪梢一般在5月下旬至6月初进行，剪梢过晚，则抽生的副梢分化花芽不良。剪留长度以3～5个芽为宜。

9. 拿枝

在新梢半木质化初期，将直立生长的旺枝条，用手从基部到顶部捋一捋，不伤木质部，把枝条扭伤，称为拿枝。拿枝可以阻碍养分运输，缓和生长势，有利于营养积累，从而达到成花结果的目的。

10. 扭梢

将枝条稍微扭伤，拉平，以缓和生长，利于结果，称为扭梢。扭梢常用于徒长枝或其他旺枝，扭转90°角，使其转化为结果枝，或处理主枝延长枝的竞争枝，树冠上部的背上枝，冬季短截的徒长枝和剪去大枝剪口旁所生的强枝，抑制其长势。

二、四季修剪方法

桃树在一年四季均可修剪，不同时期的修剪任务应在互相配合的情况下有所侧重。

1. 冬季修剪

冬剪的任务主要是培养骨干枝、修剪枝组、控制枝芽量、调节生长结果关系及树体平衡。幼龄树以整形、培养骨干枝为重点，成龄树重点调节生长结果关系，尽量利用骨干枝中下部的壮枝结果，剪留宜短不宜长，要严格控制结果部位外移。另外，要注意桃树的修剪时期不宜太晚，以避免在早春发芽前树液开始流动后形成流胶，由此引起树势衰弱。

2. 春季修剪

春剪的时期多在萌芽开花后至新梢旺长前进行，任务有以下4个方面。

(1) 疏花。对冬剪时留花芽过多的树在花蕾期应进行疏花，以集中营养增强坐果。疏留的原则是，在同一个枝条上疏下留上，疏小留大，疏双花留单花，预备枝上不留花。

(2) 抹芽、除梢。主要是用手抹除那些多余无用和位置、角度不合适的新生芽梢，如竞争芽梢、直立芽梢、徒长芽梢等。一般说被抹除的新生芽梢在5cm以下时称为抹芽，在5cm以上称为除梢，其目的都是防止不规则枝条的形成和养分的无效消耗，减少伤口，促进保留新梢的健壮生长。

(3) 矫正骨干枝的延长头。当发现冬剪时骨干枝延长头的剪口芽新生枝梢其生长方向与角度不合适时，应在其下位附近的地方选留较合适的新梢改作延长头，而将原头在此处缩掉。

(4) 缩剪。长果枝对冬剪时留得过长的结果枝，可在下位结果较好的部位留一新梢进行回缩，无结果的可通过缩剪来培养位置较低和组型比较紧凑的预备枝组，这是防止结果部位外移的重要措施。

3. 夏季修剪

在新梢迅速生长期进行。修剪的次数要根据发育枝迅速生长的次数而定，幼旺树一般2～3次，老弱树一般1～2次。具体修剪时间大体与新梢速长期相一致，一般在 5 月下旬至 6 月上旬、7 月上旬至中旬、8 月中旬至下旬。修剪任务包括以下几方面。

（1）控制强旺梢。桃树夏剪中，首先应注意对影响骨干枝正常生长的强旺梢及早进行控制，控制的方法是摘心、扭梢、剪梢、拉枝、刻伤等抑上促下的措施。这样，既可把营养集中到结果和花芽形成上，又可促进下部分生副梢形成新的饱满花芽，降低下一年的结果部位，防止结果部位上移。摘心应及早进行，在新梢生长前期留下部 5 ~ 6 节摘去顶端的嫩梢。扭梢和剪梢应在新梢长到 30cm 左右时进行，基部留 3 ~ 5 个芽。拉枝和刻伤应结合摘心、扭梢、剪梢进行。大枝拉枝时以 80°开张角度为好，不能拉平。因为大枝处于水平状态时，先端生长容易变弱，后部背上容易冒条。

（2）用副梢整形。利用副梢培养和调整骨于枝的延长头，可加速树冠成形，使树体提前进入盛果期。方法是当新梢长达 40 ~ 50cm 且延长头已发生较多副梢时，选用生长方向、角度比较合适，节位较高（以免主枝剪截过重）、基部已开始木质化（过早不利于固定其开张角度）的副梢进行换头，剪去以上的原头主梢。剪除或严格控制副梢延长枝的竞争枝，副梢延长头以下的其他副梢进行摘心或扭梢加以控制，并根据不同情况，分别培养成侧枝、结果枝组或结果枝，保证新头副梢的生长优势，也可选用位置合适的侧生副梢培养新的主、侧枝。副梢整形是桃树上快速培养骨干枝的一个重要技术措施，尤其对直立旺长品种的树势控制更为重要。

（3）清理密挤枝。桃树由于 1 年内生长量大和多次分生副梢，致使枝梢非常容易密乱交叉，所以应及时清理那些竞争梢、徒长梢、直旺梢、重叠梢、并生梢、轮生梢、对生梢和交叉梢等不规则枝条，无空间、无利用价值的可疏除；有空间但较细弱的可摘心；有空间且较旺的可留 1 ~ 2 个弱副梢剪截，或在方向较

好的副梢处剪截，使其变直立生长为斜生生长，或进行扭枝、弯枝，以削弱其生长势，培养结果枝组，并配合衰老枝回缩更新的方法保证树冠内膛的通风透光条件。

（4）摘心促花。5—6 月，对着生空间大、健壮的新梢摘心，可促使其抽生副梢，并在副梢上形成花芽。在枝条较密时，没有副梢的新梢，不要摘心，以免促发过多的副梢，造成枝条密挤，影响内膛光照，引起主梢花芽分化不良、提高结果部位。

4. 秋季修剪

桃树的夏剪如果做得及时到位，一般在 9 月以后可不进行秋剪。如果夏剪未做，枝条十分密挤，树冠严重密闭，也可根据情况在秋季适当地安排修剪，以改善树冠通风透光的条件，并为冬剪打好基础，减轻冬剪的修剪量。这次修剪的主要任务是对尚未停止生长的主梢和副梢进行摘心，以促使其组织充实、花芽分化良好、腋芽饱满；尚未停止生长的旺枝和徒生枝结果枝再次剪截控制；疏除密集枝和其他无利用价值的枝梢，以节约养分、改善通风透光条件。有条件的桃园，可在新梢停止生长前对长度在 30cm 以上的主梢和副梢进行一次普遍摘心。这对增加营养物质的积累，保证枝条充实和花芽饱满，提高越冬能力有重要意义。但是，这次摘心宜轻不宜重，以免出现流胶现象。这次摘心，如时间掌握恰当，新梢一般不再发生副梢。

第三节　不同树龄期修剪

一、幼树期修剪

主要任务是整形、扩冠，为今后丰产稳产奠定合理的树体结构。

二、结果初期树修剪

经过幼树的整形阶段，树体骨架初步形成，已经开始结果。树势仍然壮旺，副梢生长量大，中短果枝仍然偏少，营养生长势强，坐果率较低。此期修剪的任务是：继续培养骨干枝，建立合理牢固的树体骨架。大量培养和合理配置结果枝组，促进营养生长向生殖生长转化，不断增加经济产量，使之尽快进入盛果期。

1. 主、侧枝修剪

（1）延长头修剪。主侧枝延长头应保持生长优势，使之快速向外延伸。冬剪时对粗壮的延长头保留 3/5 短截，稍弱的延长头中短截。春季抹芽时，对延长头剪口以下萌发的竞争枝抹芽、除萌，或通过夏季扭枝、捋枝等措施缓和其生长势。

（2）角度调整。可采取调整剪口芽方位，或转主换头，或撑、拉、坠等措施实现。三主枝自然开心形，一般将主枝开张角保持在 50°～60°，侧枝与主枝夹角 60°。

（3）均衡树势。若同级主、侧枝长势不均，大小不同，已形成偏冠的，则需对较小主、侧枝适当抬高生长角度，着生在上面的生长枝多短截，使之少成花少结果，促进生长；对较大主、侧枝采取相反措施，削弱生长势，促使两者之间逐步趋于平衡。

2. 结果枝组培养

丰产树形的结果枝组要求结构紧凑，生长敦实，紧靠骨干枝两侧，结实力强，寿命长。

（1）大型结果枝组。分枝级数多，占有空间大，结果年限长，是进入盛果期后的主要结果力量。一般着生在骨干枝上，多由粗壮发育枝培育而成。选择骨干枝上着生部位适宜的上述枝条，实行中度短截，剪口下产生 5～6 个分枝，夏季通过摘心促发副梢。第二年冬剪时从分枝中选留长势、方向合适的枝条，过密、过弱者疏除，有空间者适当短截，保留结果。以后视空间大

小，对保留枝条短截或甩放，其余枝条去直留斜，扩展两侧。

（2）中型结果枝组。对中庸发育枝和较强长果枝中短截，促使产生3～4个分枝。第二年选出带头枝中短截，其余枝条轻剪结果，可形成中型结果枝组。

（3）小型结果枝组。将一般长果枝中短截，在结果的同时还可萌生2～3个分枝。第二年对分枝进行不同处理，可形成小型结果枝组。

3. 结果枝组配置

（1）外稀里密，上稀下密，错落着生，保证树冠内通风透光。

（2）在主枝的顶部以小型结果枝组为主，中部两侧以大型结果枝组为主，基部安排中大型枝组，防止后部光秃。

（3）同侧大型枝组之间相距50～60cm，中间安排中、小型枝组，使之互不交叉拥挤，达到立体结果。

（4）背下只安排中小型结果枝组，控制背上枝组，及时回缩背后拖地枝组。

4. 辅养枝修剪

对于结果初期的桃树，对一些不宜做骨干枝的枝，暂时保留，称为辅养枝。修剪时需控制其生长空间，缓和生长势。进入盛果期前树冠已达到丰产要求时，若无空间使其存在，则从基部疏除，若有一定空间，则回缩改造成结果枝组。

三、盛果期树修剪

桃树至盛果期，树形培养已经完成，骨架稳定，生长势趋于缓和。花芽形成量大，产量稳定。此期修剪的主要任务是：维持合理树形和冠幅，确保树势健壮，光照良好；更新复壮结果枝组，保持连续结果能力；抑前促后，防止结果部位过快外移和内膛光秃；调节营养生长和生殖生长关系，达到丰产、稳产，最大限度延长盛果期年限。

1. 主侧枝延长头修剪

（1）伸展长度。若已达到整形要求，延长枝可甩放或用弱枝带头，控制延伸，起到抑前扶后效果。也可用放出去缩回来的方法，维持原树冠大小。

（2）角度。对开张角度过大过小者，采取转主换头措施加以解决。开张角度小的用背下壮枝带头，开张角度大的选择背上枝带头。

（3）枝条密度。进入盛果期，果农常在主侧枝延长头处保留较多枝条内膛光照逐渐弱化。要疏除过密枝、直立枝、徒长枝，对大型结果枝组回缩改造成中小枝组，削减前部枝叶量，解决主侧枝中后部光照。

2. 结果枝修剪

不同品种、不同长势、不同类型结果枝修剪方法不同。以下介绍传统的短枝修剪方法。

（1）长果枝。是桃树的主要结果枝，结果能力强，复花芽多，结果后仍能促发较好更新枝，但先端组织不充实。中庸长果枝修剪时截掉先端不充实部分，保留 20～30cm 长度，其上着生 8～10 节优质花芽，剪口芽留叶芽或复芽。生长势强的长果枝要轻短截，多留花多结果，缓和其长势；生长弱的要较重短截，在结果的同时，仍能萌发更新枝。

（2）中果枝。剪法同长果枝，只是剪留长度短些，保留 3～5 节花芽，注意剪口芽留叶芽。

（3）短果枝。中上部有叶芽时，剪口芽留叶芽短截，顶芽为叶芽的不短截。密者、弱者疏除，留下较粗壮的结果。

（4）花束状果枝。结果后发枝能力弱，一般不短截，只疏除密枝、弱枝外，有空间的保留壮枝结果。

3. 结果枝更新

为延长枝组寿命，应不断对结果枝更新，方法有单枝更新和双枝更新。

（1）单枝更新。不留预备枝的更新为单枝更新。一种方法是对健壮长果枝轻短截或甩放，先端结果后枝条下垂，基部弓背处萌发出新的结果枝，冬剪时回缩至新结果枝处，并将新果枝轻剪或甩放使其结果，周而复始；另一种方法是将较壮的中长果枝留几个花芽中短截，使上部结果下部发枝，冬剪时留基部较壮新果枝中短截，将前部已结果部分剪除，每年如此。

（2）双枝更新。留预备枝的更新称双枝更新。在同一个结果母枝上的基部，选定2个结果枝，上部一个留适量花芽短截或甩放结果，担负结果任务；下部枝条不留花芽重短截，促使萌发新果枝。翌年冬剪时疏除上部已结果枝，下部预备枝上留2个壮枝，上部1个枝结果，下部1个枝作预备枝重短截。年年如此，保持枝组常年结果不衰。

4. 结果枝组修剪

盛果期各类结果枝组已培养配备齐全，随着树龄的增加和产量上升，枝组会逐渐衰老。修剪的主要任务是不断更新和复壮结果枝组，使每个枝组在结果的同时，还能形成良好的新果枝，达到树老枝不老，连续结果能力好。

（1）大型结果枝组。仍有生长空间者，短截带头枝使其扩大；无扩展空间者以弱枝带头，控制扩大生长，保持枝组稳定。长势过强的，去强枝留中庸枝，适当多留花、多结果，控制旺长；长势弱的疏除弱枝，短截中壮枝，抬高枝条角度，少留花少结果，促发新枝，使之复壮。

（2）中小型结果枝组。采取双枝更新法，留足预备枝，使枝组内枝条轮替结果。中小结果枝组应压上促下，使之紧靠骨干枝，保持对养分、水分的竞争优势。

（3）背上、背下枝组。背上只能分布中小型枝组，对已影响光照的直立大枝组，降低高度，疏除强旺枝，轻截中庸枝，缩小生长空间。背下枝组，距地面 40cm 以上的回缩，以利于提高果实品质；已衰弱的枝组，密者疏除，有空间者壮枝带头，恢复长势；对强壮枝组，维持中庸偏强长势，因背下枝组光照差，易衰弱。

（4）内膛枝组。至盛果期，由于种种原因，常形成内膛枝组衰弱，内膛光秃，结果部位外移。这是桃树目前存在的普遍问题，解决这一问题必须从盛果始期就重视基部枝组的更新，维持适宜主枝角度，疏剪外围枝量，解决内膛光照。

5. 结果枝密度

盛果期果树修剪时，要特别注意所留结果枝的密度。密度过大树体光照恶化，病虫危害严重，果实品质下降；密度太小，则产量下降，枝条旺长。以剪口距离表示，长果枝之间 20～30cm，中果枝之间 15～20cm，短果枝之间 10～15cm。

四、结果后期树修剪

桃树进入结果后期，长势已衰弱，产量下降，内膛中小枝组逐步死亡，内膛易光秃。果实单果重变小，品质降低。修剪的主要任务是：更新复壮枝组，适量结果，尽量维持树势，延缓衰老，增加结果年限。

复壮维持树势修剪方法主要有：①回缩骨干枝，促使萌发新枝，对树体更新；②利用内膛徒长枝、直立枝，培养成为大型结果枝组，充实内膛；③在光秃部位嫁接补空，使树体丰满；④更新枝组，对大中型枝组中的枝条去弱留强，去平留直，壮枝带头并中短截，延缓枝组衰老。

第七章　桃规模生产病虫害管理

第一节　桃主要病害防治

一、桃流胶病

1. 主要症状

在树皮或皮裂口处流出淡黄色柔软透明的树脂、树脂凝结，渐变为红褐色，病部稍肿胀，其皮层和木质部变褐腐朽。病株树势衰弱，叶色黄而细小，发病严重时枝干枯死，甚至整株死亡。

2. 发病特点

桃流胶病是桃树上难治的一种病害，分为侵染性和非侵染性流胶病，侵染性流胶主要为害枝杆和果实，非侵染性流胶主要为害主干和主枝桠杈处、小枝条和果实。诱发该病的因素十分复杂，有霜害、冻害、病虫害、土壤黏重、管理粗放、结果过多、枝干生长刁；充实等原因、引起树体生理失调而导致桃树流胶。流胶病在春、秋季发生最重。

3. 防治方法

（1）加强管理。增强树势、增施有机肥，改良土壤，合理修剪，减少枝干伤口。清除被害枝梢，防治蛀食枝干的害虫，预防虫伤，枝干涂白，预防冻害和日灼伤。

（2）药剂防治。

①防治时间：根据流胶病在春、秋发生最重的特点，即春

（4—5 月）、秋（9—10 月）为防治的关键时期。

②药剂种类：43% 大生富悬浮剂 30～60 倍。

③防治步骤：先刮除流胶部位病组织，再用棉签或牙刷将稀释成 30～60 倍的 43% 大生富涂抹于伤口处，一般为春、秋季各涂抹 2～3 次，连防 1～2 年病部可痊愈。

二、桃缩叶病

1. 主要症状

桃缩叶病主要为害桃树幼嫩部分。春季嫩叶初展时显出波纹状，叶缘向后卷曲，颜色发红。随着叶片生长，卷曲程度加重，叶片增厚发暗，呈红褐色，严重时，叶片变形，枝梢枯死。春末夏初在病叶表面长出一层白色粉状物。

2. 发病特点

该病是真菌所引起的一种真菌病害。病菌在桃芽或鳞片缝隙内过冬，翌年春季桃树展叶时，病菌侵入嫩叶，进行初次侵染，此病在早春展叶后开始发生，4—5 月继续发展，6 月以后气温升高发病减缓。低温多湿利于该病的发生。

3. 防治方法

（1）早春用 3～5 波美度石硫合剂消灭越冬菌源，进行保护。

（2）桃芽萌动至露红期，喷 50% 退菌特 600 倍或井冈霉素 500 倍。

（3）加强果园管理，初见病叶及时摘除，集中烧毁或深埋。当年的菌源，发病严重的田块，由于大量落叶，应及时施肥、灌水，恢复树势，增强抗病能力。

三、桃细菌性穿孔病

1. 主要症状

桃细菌穿孔病主要为害叶片，也能侵害果实和枝梢。叶片发

病时，初为水渍状小点，后扩大成紫褐色或黑褐色圆形或不规则形病斑，直径2mm左右，病斑周围有绿色晕环。之后，病斑干枯，病健组织交界处发生1圈裂纹，病斑脱落后形成穿孔。枝条受害形成溃疡。果实受害，最初发生褐色小点，以后扩大，颜色较深，中央稍凹陷，病斑边缘呈水渍状。天气潮湿时，病斑出现黄色黏性物。

2. 发病特点

该病是由黄单胞杆菌属的一种细菌引起的病害。病菌在被害枝梢的病组织中越冬。春季溃疡是初次侵染的主要来源，病菌在春季随着气温上升开始活动，在桃树开花前后，借风雨或昆虫传播。此病一般在4月下旬开始发病，5月初出现病斑。

3. 防治方法

（1）加强果园管理。结合冬季修剪，剪除病枝，集中烧毁，消灭越冬病源。合理修剪，增施有机肥，增强抗病能力。

（2）药剂防治。在发芽前喷波美5°石硫合剂，展叶后至发病前喷2%加收米水剂500～800倍液或72%农用硫酸链霉素3 000～4 000倍液。

四、桃炭疽病

1. 主要症状

桃炭疽病主要为害果，也为害新梢和叶。幼果发病，果面暗褐色，发育停滞，萎缩僵化，经久不落。病菌可经过果梗蔓延到结果枝。果实膨大期发病，果面出现淡褐色水渍状病斑。病斑逐渐扩大，凹陷，表面呈红褐色，生出橘红色小点，即病菌的分生孢子盘，产生大量分生孢子，黏集于病斑表面。近成熟期果实发病，症状与膨大期相像，常数斑融合，病果软腐，大多脱落。新梢受害出现暗褐色长椭圆形病斑，略凹陷，逐渐扩展，致使病梢在当年或翌年春季枯死，有时并向副主枝和主枝蔓延。天气潮湿时，病斑表面也出现橘红色小点。叶片发病后纵卷成筒状。真菌。

2. 发病特点

桃炭疽病菌以菌丝体在病梢中越冬，也可在残留树上的病果中越冬，第二年早春产生分生孢子，侵染新梢和幼果，发生初侵染，生长期内发生多次再侵染。此病发生时期很长，在华东地区，4 月下旬幼果期开始发生，5 月进入发病盛期，常大量落果。北方桃区一般从 6—7 月开始发生，果实成熟期发病严重。桃树开花及幼果期多雨的地区，桃炭疽病菌往往发生较重。果实成熟期，温暖、多雨雾、潮湿的环境有利于病害发生。

3. 防治方法

（1）农业防治。清除病枝僵果，减少病菌传染。加强栽培管理，细致夏剪，增进通风透光。

（2）药剂防治。发芽前喷洒 1：1：240 波尔多液，这次喷药是药剂防治的关键。生长期防治，华北地区可在 5 月、6 月、7 月的中旬喷施 80% 炭疽福美可湿性粉剂 800 倍液、70% 甲基硫菌灵可湿性粉剂 1 000 ~ 1 500倍液等药剂。

五、桃疮痂病

1. 主要症状

桃疮痂病主要为害果实，也为害枝梢和叶。果实发病初期，果面出现暗绿色圆形斑点，逐渐扩大，至果实近成熟期，病斑呈暗紫色或黑色，略凹陷，直径 2 ~ 3mm。病菌扩展局限于表层，不深入果肉。发病严重时，病斑密集，聚合连片，随着果实的膨大，果实龟裂。枝梢发病出现长圆形斑，起初浅褐色，后转暗褐色，稍隆起，常流胶。翌年春季，病斑表面产生绒点状暗色分生孢子丛。叶子被害，叶背出现暗绿色斑。病斑后转褐色或紫红色，组织干枯，形成穿孔。病叶易早期脱落。

2. 发病特点

桃疮痂病菌以菌丝在枝梢病组织内越冬，翌年 4—5 月产生分生孢子，传播侵染。枝梢病斑在 10℃ 以上开始形成分生孢子，20 ~ 28℃ 为最适宜。分生孢子随风雨传播，萌发温度 10 ~ 32℃，最适萌发温度 20 ~ 27℃，萌发后产生芽管直接穿透表皮角质层侵入寄主。病菌侵染的潜育期在果实上为 40 ~ 70 天，在枝梢上为 25 ~ 45 天，潜育期长是此病特点之一。在北方桃产区，果实发病时期从 6 月开始，7—8 月发病最多；南方从 5—6 月进入发病盛期。春季和初夏降雨和湿度与病害流行有密切关系，凡这时多雨潮湿的年份或地区发病均较重。地势低洼或栽植过密而较郁闭的果园，发病较多。

3. 防治方法

（1）药剂防治。发芽前喷洒波美 5 度石硫合剂，铲除侵染源。落花后至 6 月喷洒 65% 代森锌可湿性粉剂 600 ~ 800 倍液，每隔半月喷洒 1 次。生长后期结合防治褐腐病喷洒药剂。

（2）农业防治。避免在低洼积水地段建园，栽植不要过密。适度修剪，防止果园郁密。冬季修剪时仔细剪除病枝。落花后 3 ~ 4 周套袋，预防侵染。

六、桃褐腐病

1. 主要症状

桃褐腐病初期果面产生褐色圆形病斑、病部果肉腐烂，继而在病斑上出现质地紧密而隆起的黄白色或灰色球状物，形成同心轮纹状，很快布满全果，脚烂后的果实因失水干缩而成褐色，拄在树上经久不落而成僵果。花瓣和柱头受害，发生褐色斑点，逐渐蔓延至花萼及花柄，天气潮湿时呈软腐状，表面丛生灰色霉状物。枝条受害，形成长圆形、灰褐色、边缘为紫褐色的溃疡斑，中间稍凹陷，当病斑环绕枝条 1 周时，枝条即枯死。

2. 发病特点

该病病源为子囊菌亚门核盘菌属的一种真菌，病菌在树上或地面的僵果中和枝条溃疡部越冬。翌年春天产生大量孢子，借助风、雨传播，以开花到果实成熟期都能发病。多雨、多雾有利于发病。

3. 防治方法

（1）加强管理。抓好冬季清园，减少病源。结合修剪，剪除病枝，清除地面僵果及修剪大的枝条，集中烧毁或深埋，减少来年病源基数。

（2）防治方法。常年发病的田块，开花 5%，谢花后，套袋前喷药保护。可用 25% 使百克乳油 600 倍液，或 50% 多菌灵粉剂 500 倍液。5 月上、中旬套袋，保护果实。

第二节 桃主要虫害防治

一、桃蛀螟

1. 形态特征

成虫体长 12mm，翅黄色至橙黄色，身体、翅表面多黑斑点似豹纹。幼虫：长约 22mm，体色有淡褐、浅灰、暗红等色，腹面多为淡绿色，体表有许多黑褐色突起。

2. 为害症状

初孵幼虫先于果梗、果蒂基部，花芽内吐丝蛀食，蜕皮后蛀人果肉为害。

3. 发病特点

老熟幼虫于粗皮缝中、树洞内越冬。1 年发生 2 代。越冬代成虫于 5 月下旬至 6 月上旬发生，卵散产于桃果上，经 1 周左右孵化为幼虫，以果实肩部蛀人果实为害，10 ~ 15 天老熟，于果

内或枝叶相贴处化蛹，约经 8 天羽化为成虫，继续产卵为害花芽，幼虫老熟后爬到越冬寄主上结茧越冬。

4. 防治方法

(1) 冬季将周围玉米秆残枝落叶及为害部位清除烧毁，消灭越冬幼虫。

(2) 药剂种类。3% 年丰乳油 1 000 ~ 1 500倍液；3% 莫比朗乳油 1 000 ~ 1 500倍液；20% 好年冬乳油 1 000 ~ 1 500倍液。在产卵盛期及初孵期（即 5 月下旬至 6 月上旬桃树上，8 月下旬至 9 月上旬枇杷上）使用上述药剂。

二、桃潜叶蛾（吊丝虫）

1. 为害症状

该虫的卵散产在叶表皮内，孵化后在叶肉内潜食呈弯曲隧道，致叶片干枯脱落。据观察，每片叶只要有一个隧道的，叶片必掉，严重者叶片提前脱落，甚至掉光，影响来年产量。

2. 发病特点

发生 6 代，世代重叠现象明显；每代历期一般为 20 ~ 30 天，最短的为 14 天。各代发生的早迟与历期的长短受温度影响较大，平均气温在 16 ~ 25℃，发育进度随气温的升高而加快，历期缩短，28℃以上高温受到抑制，历期延长。

3. 防治方法

由于该虫世代重叠严重，时有时无，给防治工作带来巨大困难。为此，只有勤查早治，特别是每年的第一代（即 4 月上、中旬）是查治的关键。但防治的关键适期在每代幼虫和成虫的盛发期（即刚看见隧道时和吊丝的时候），幼虫盛发期至成虫盛发期需 7 ~ 10 天，即第一次施药后 7 ~ 10 天施第二次药就能达到理想的效果，且防治好 1 代和 2 代虫害是压低幼虫基数的关键。

防治时最好是一个乡镇或一个村组在统一时间内统一用药防

治，避免你防我不防，等于没有防的现象。

药剂种类：① 20%康福多浓可溶剂 4 000 ~ 5 000倍液；② 3%年丰乳油 1 500 ~ 2 000倍液；③3%莫比朗乳油 1 500 ~ 2 000倍液；④2.5%功夫乳油 2 000 ~ 3 000倍液。

三、桃桑盾蚧（桑白蚧）

1. 形态特征

雌成虫橙黄色，宽卵圆形，体表覆盖介壳，灰白色，近圆形，背面隆起。雄成虫体长 0.65 ~ 0.7mm，橙色。

2. 为害症状

主要通过刺吸式口器在枝条上，吸取汁液，轻则植株生长不良，重者导致枯枝、死树。

3. 发病特点

桑盾蚧以受精雌成虫在树枝上越冬。一年发生 3 代，第一代、第三代为害最重。第一代、第二代、第三代产卵时间分别为 3 月下旬至 4 月上旬，6 月中下旬，8 月中下旬；第一代卵历期 10 ~ 15 天，第二代、第三代 7 ~ 10 天，第一代、第二代、第三代卵孵盛期分别在 4 月中、下旬，6 月下旬至 7 月上旬，8 月下旬至 9 月上旬。

4. 防治方法

秋冬季结合修剪，剪去虫害重的衰弱枝，其余枝条可采用人工刮除越冬成虫，早春桃树发芽以前喷波美 5°石硫合剂。

药剂防治：以卵孵期药剂防治效果最好（即壳点变红且周围有小红点时）。① 40%速扑杀乳油 700 ~ 1 000倍液；② 3%年丰乳油 1 500倍液；③ 90%万灵粉剂 2 000 ~ 3 000倍液；④ 25%阿克泰水分散粒剂 8 000 ~ 10 000倍液。

四、桃小食心虫（东方蛀果蛾、桃折枝虫）

1. 形态特征

成虫体长5~7mm，暗褐色或灰黑色，前翅灰黑色、前缘有10组白色短斜纹，翅面散生一些灰白色鳞片，后缘有一些条纹。卵：扁圆形，中央隆起，表面有皱折，初乳白。后淡黄。幼虫：体长10~13mm，淡红至桃红色，腹部橙黄、头褐色。蛹：黄褐色，长7mm，渐变暗褐色，腹部3~7节，背面有二排横列小刺，茧、丝质白色，长椭圆形，长约10mm。为害作物：桃、梨、李、杏、樱桃等。

2. 发病特点

每年发生4~6代，以老熟幼虫在果树枝杆和根茎裂缝处结成灰白色薄茧越冬，有转主为害的习性。第一代、第二代为害桃、李枝梢，第三代、第四代为害果实。世代重叠现象严重。4月上、中旬化蛹，成虫发生期在4月中旬至6月中旬。在桃、梨、苹果混栽或邻栽的果园为害重。

3. 防治方法

（1）果树休眠期刮除老皮、翘皮进行处理，或于树干上束草诱集幼虫越冬，于来春出蛰前取下束草烧毁。

（2）春夏季及时摘除桃树被蛀枝梢。

（3）套袋避免蛀果。

（4）药剂防治：来福灵乳油1 000倍液，3%年丰乳油1 000~1 500倍液、3%莫比朗乳油1 000~1 500倍液。

五、桃蚜（桃赤蚜、烟蚜、菜蚜）

1. 形态特征

有翅胎生翅蚜头胸部黑色，腹部背面中部有一黑斑，腹管细长。无翅胎生雌蚜和若虫呈淡红色或黄绿色。

2. 为害症状

在嫩梢和叶背以刺吸式门器吸取汁液，使被害叶向背面做不规则的卷曲。

3. 发病特点

桃蚜一年可发生十几代，以卵在桃树枝梢芽液、树皮和小枝杈等处越冬，开春桃芽萌动时越冬卵开始孵化，若虫为害桃树的嫩芽，展叶后群集叶片背面为害，吸食叶片汁液。3 月下旬开始孤雌生殖，5—6 月迁移到越夏寄主上，10 月产生的有翅性母迁返桃树，由性母产生性蚜，交尾后，在桃树上产卵越冬。

4. 防治方法

（1）在越冬螨量较多的情况下，于桃蚜萌动前喷柴油乳剂，杀灭越冬卵。

（2）药剂防治：在落花后至秋季，当有虫叶达 5% 时，喷药防治。药剂有：① 3% 年丰乳油 2 000倍液；② 25% 阿克泰水分散粒剂 1 000 ~ 15 000倍液 10% 吡虫啉可湿粉 3 000 ~ 5 000倍液；③ 3% 莫比朗乳油 2 000倍液。

六、桃蛀果蛾（桃小食心虫）

1. 形态特征

成虫体长 7 ~ 8mm，翅展 16 ~ 18mm，灰褐色。前翅前缘中部有一蓝灰色近似三角形大斑。翅面有 7 簇蓝褐色斜立的鳞毛丛。雌虫下唇须较长，雄虫较短。卵椭圆形、红色，顶部有 2 ~ 3 圈“尸”字形刺毛。幼虫体长 13 ~ 16mm，桃红色，前胸背板褐色。小幼虫黄白色。无臀刺。蛹体长 6 ~ 8mm，黄白色渐变黄褐色。冬茧扁圆形，丝质紧密；夏茧纺锤形，松软。均外覆土粒。

2. 为害症状

桃蛀果蛾幼虫只为害果实，小幼虫蛀果后，蛀孔溢出水珠状

汁液，呈白色膜痕。幼虫在果内串食果肉，幼果期受害果变畸形。幼虫将粪便排在果内，失去食用价值。

3. 发病特点

桃蛀果蛾一年发生世代各地不同，晋北、宁夏银川、甘肃天水等寒冷地区 1 代。辽宁、河北、山东等大部地区 1～2 代。黄河故道地区 1～3 代，以 2 代为主。各地均是老熟幼虫结冬茧在树冠下 5～10cm 土中越冬。翌年 5 月幼虫陆续破茧出土，盛期在 6 月中下旬，一直延续到 7 月上中旬。由于出土期长达 60 余天，致使后期世代重叠，增加了防治难度。幼虫出土后爬向光线较暗的土块，石块下，树干、草丛基部结夏茧化蛹。蛹期 10 天左右。6 月下旬至 7 月上旬成虫羽化盛期。成虫白天多于阴暗处静伏，夜晚活动，午夜交尾产卵，卵多产在果实萼洼处。气温 20～25℃、相对湿度 80% 以上有利成虫产卵。成虫产卵对苹果品种有选择性，中熟品种如金冠、元帅、红星、红玉等为嗜好品种。当中熟种采收后，晚熟品种国光、青香蕉、富士等卵量才增多。卵期 6 天左右。初孵化幼虫在果面爬行，选果实胴部合适位置蛀入果内串食为害。幼虫期 15～30 天。老熟幼虫咬圆形脱果孔脱出落地，结夏茧发生下一代，或入土结冬茧越冬。一般情况下，6 月下旬以前脱果幼虫，均结夏茧发生第二代。7 月末以后开始有幼虫入土结冬茧；8 月中旬激增可达 80% 左右；8 月末以后脱果幼虫则全部入土结冬茧。发生 2 代地区 8 月上中旬是第二代卵和幼虫害果盛期。黄河故道第二代卵、幼虫在 8 月上中旬，8 月下旬至 9 月上旬是第二、第三代卵和幼虫混合发生期。

4. 防治方法

（1）出土期防治。5 月下旬在果园设置桃蛀果蛾性诱剂诱捕器。当开始诱捕到成虫时，在树冠下喷洒 25% 对硫磷微胶囊剂，每亩 0.5kg 加水 300 倍药液。或 40% 甲基异柳磷乳油，每亩 0.3kg 加水 300 倍药液。半月以后喷第二遍。幼虫出上始期也可喷洒昆虫寄生线虫—芫菁夜蛾线虫。每平方米施入线虫 60 万～80 万条。施线虫 1 次相当施用 2 次农药的效果。施线虫前如土壤水分不足，应先灌水后施线虫。

（2）树上喷药防治。利用性诱剂测报，在成虫发生始盛期，大体在 6 月下旬，喷布 40% 水胺硫磷乳油 1 500倍液，杀蛀果的初孵幼虫，有效控制期可达 1 个月之久。此时，喷布水胺硫磷并可兼治叶螨。防治桃蛀果蛾也可使用 50% 对硫磷乳油 1 500倍液，10 天后喷第二遍。8 月上旬和下旬第二、第三代卵盛期，喷布 50% 杀螟硫磷乳油 1 500倍、20% 氰戊菊酯 3 000倍液或灭幼脲 3 号 500～1 000倍液。8 月喷药防治，根据卵果率 1% 的防治指标，因品种施药，既减少施药面积，也有利于保护果园的自然天敌。

七、桃树螨类（红、黄蜘蛛）

1. 形态特征

全爪螨椭圆形，深红色，雄螨较雌螨小，鲜红色，后端较狭呈楔形。若螨与成螨相似、色较淡。

2. 为害症状

以成、若、幼螨刺吸叶、果、嫩枝的汁液，以叶为主，被害叶面出现灰白色，黄色失绿斑点，严重时全叶卷白早落，削弱树势常引致落果。

3. 发病特点

以雌成螨越冬，一年发生 10 代以上。早春越冬雌螨开始活动，4—5 月达高峰期，7—8 月高温数量很少，9 月后又回涨，但由于叶片老化，不会造成太大的危害。

4. 防治方法

（1）加强肥水管理，种植覆盖植物，改变小气候和生物组成，使有利于益螨不利于害螨。

（2）保护和利用天敌，捕食螨、草蛉、隐翅虫、花蝽、蜘蛛等，对螨类都有一定控制作用。

（3）药剂防治，当有螨叶率达5%～10%时，施药防治。

八、红颈天牛

1. 形态特征

成虫体长28～37mm。黑色、有光泽。前胸背板棕红色或黑色，背有4个瘤状突起，两侧各有一刺突。雄虫体小、触角长。卵长6～7mm，乳白色，形似大米粒。幼虫体长50mm左右。小幼虫乳白色，大幼虫黄白色。前胸背板扁平、长方形，前缘黄褐色，后缘色淡。蛹长25～36mm，淡黄白色，裸蛹。

2. 为害症状

幼虫蛀食主干皮层和木质部，串成不规则的隧道。隧道内和蛀孔外有大量木屑状虫粪，表面易见流胶。树势衰弱，重则枯死。

3. 发病特点

红颈天牛2～3年发生1代。幼虫在树干隧道内越冬。翌年春季活动后，继续串食木质。幼虫跨两年老熟，5—6月在木质部用木屑黏结成蛹室化蛹。蛹期10天左右。6月成虫羽化，2～3天后咬羽化孔早晚爬出。成虫白天活动，2～3日后交尾，雌虫交尾后4～5天开始产卵，多产在主干、主枝粗皮缝隙，一般在离地30cm左右较多。卵期8天左右。幼虫孵化后蛀入皮层，在韧皮部与木质部之间不规则串食韧皮部内层和木质部表层。虫龄稍大蛀入木质部。第三年幼虫老熟，化蛹、羽化。幼虫一生蛀食的隧道长50～60cm。成虫无明显趋光性，触动时体内放出异臭。受害重的树体内，常有各龄幼虫数十头。

4. 防治方法

（1）人工防治。6—7月高温天气中、下午，成虫多静息在大枝、主干处，易于捕杀。

（2）药剂防治。目前防治幼虫有2种有效方法：幼虫为害较轻和虫龄较小时，将隧道内虫粪稍加清理，塞入防治天牛专用毒签，表面用黏泥封闭；受害较重的树，将树体虫道划开，塞入磷化铝1/4～1/2片（每片0.6g），用黏泥封闭；虫多时塞药较多，再用塑料薄膜包扎，以不漏气为准。

第三节　综合防治方法

一、农业防治

农业防治是以农业综合措施为基础，增强桃树对病虫害的抵抗能力，创造不利于病虫滋生和传播的条件，达到避免、控制和减轻病虫危害的作用。农业防治经济简便，不破坏果园生态，效果显著，是无公害生产中优先采用的防治方法。

1. 正确规划

桃园规划时首先防止桃梨混栽或临近栽培，以减轻梨小食心虫、桃蛀螟和桃小食心虫等共同害虫的为害。避免利用重茬地定植桃树，因为，这类土壤潜伏大量的根朽病和根癌病菌等。选择抗病虫品种和无病虫苗木，减轻病虫害的发生。

2. 合理修剪

修剪能调节营养生长和生殖生长关系，改善通风透光条件，促使树体健康生长，提高对病虫害的抵抗能力。冬季剪除病虫枝和病僵果，清扫枯枝落叶集中深埋或其他处理，最大限度消灭越冬病虫害基数。夏季剪除病虫危害的新梢和果实，带出果园深埋。

3. 加强土肥水管理

结合施肥进行土壤耕翻，杀灭在土壤和杂草中越冬的害虫。

增施有机肥，改善土壤环境，维持健壮树体，提高对病虫害的抗性。合理供水和及时排水，减轻根部病害。

4. 合理负载

桃树很多病害的发生和流行都与树势有关，如腐烂病、干腐病等。通过疏花疏果，保持适宜的枝果比和叶果比，以增强树势提高树体抗病虫能力。疏果时保留单果，能有效减轻梨小食心虫的危害。

5. 强化人工防治

对枝干类病害，如腐烂病、干腐病等，人工刮除病疤，然后涂药，是最有效，成本最低廉的防治方法。人工扑杀金龟子、茶翅蝽、蚱蝉、桃红颈天牛等，防治效果极为显著。

二、物理防治

物理防治是根据病虫的生物学习性和生态学原理，创造不适宜病虫进入和扩散的环境条件以及诱杀害虫的一种防治方法。在桃园常用的方法如下。

1. 频振式杀虫灯

利用害虫的趋光性，在桃园挂频振式杀虫灯，诱杀梨小食心虫、桃蛀螟、潜叶蛾、吸果液蛾类、天牛、金龟子等害虫。此法操作方便，成本低，杀虫效果好，具有良好的生态效益和经济效益。每个杀虫灯防治范围 20～30 亩。

2. 火把诱杀

桃园内点燃火把，可诱杀大量蚱蝉、蛾类害虫。

3. 糖醋液诱杀

梨小食心虫、卷叶蛾类、吸果夜蛾类、桃蛀螟的成虫，对糖醋液有很强的趋性。用口径 20～25cm 塑料盆或其他容器，装入糖醋液，用铁丝挂在树上，能诱杀大量害虫。糖醋液的配制方法是：红糖：醋：水 =1：2：20，加少量白酒，搅拌均匀即可。

4. 树干绑草把

桃园内梨小食心虫、山楂叶螨等在树皮裂缝中越冬，秋季在树干上绑草把或缠草绳，春季解下集中处理，能消灭此类越冬害虫。

三、生物防治

利用有益生物和生物代谢产物控制桃树病虫危害，对果实和人畜安全，不污染环境，不伤害天敌，对一些病虫的发生有长期的抑制作用。

1. 保护和利用天敌

桃园天敌种类繁多，捕食性天敌有瓢虫类、草蛉类、捕食性螨类、螳螂类、鸟类、蜘蛛类等。寄生性天敌有寄生蜂、寄生蝇、寄生菌等。一种天敌可以捕食或寄生多种害虫，如瓢虫可取食蚜虫、叶螨、介壳虫、粉虱等；一种害虫往往存在许多种天敌，害螨的天敌有捕食性螨、花蝽、草蛉、蓟马、瓢虫等；某一种天敌具有众多种类，以捕食螨为例，全世界共发现有 6 万多种，其他天敌也有多个种类。

保护天敌应为其提供栖息场所和食料，桃园行间种植豆科牧草，可为天敌提供繁衍活动及化学喷药时趋避的场所。在麦收后，七星瓢虫、草蛉等天敌向桃园转移，此时，桃园病虫害不严重时可不喷药，将桃蚜、叶螨类留作天敌饲料，既能达到保护天敌，又能防治害虫的双重效果。

保护天敌应尽量少用化学农药，必须使用时选择低毒、低残留农药，不用或少用广谱性农药，达到既控制害虫，又保护天敌的效果。

2. 利用昆虫激素

我国在桃园害虫防治中，使用最普遍的是梨小食心虫性诱剂，使用它诱杀雄成虫，既可预测梨小食心虫的成虫发生期和发

生量，又能杀死大量雄成虫。

3. 利用有益微生物和代谢产物

苏云金杆菌可防治鳞翅目害虫。浏阳霉素对害螨类有效。阿维菌素对食心虫类、害螨类、根结线虫等防效突出。多抗霉素对桃褐腐病、炭疽病等多种病害，有很好的防治效果。

四、化学防治

尽管化学防治会产生环境污染，增加病虫抗性，但它具有作用迅速、效果显著、应急性强的特点，仍是病虫害突发期和大发生期的主要防治手段。在防治中应通过合理用药，尽量减轻负面作用。

1. 选择主要防治对象

为害桃树生产的有多种病虫害，对为害性大、突发性强、侵染传播速度快的，应重点关注和防治，其他病虫害作为兼治，可减少用药次数和数量。

2. 适期用药

每一种病虫害都有对农药的敏感期，多数害虫的低龄幼虫（若虫）期，病害的初次传播和侵染期，是防治的最佳时期。此时，用药不但防治效果好，还能减少用药量，对生态环境的伤害也小。应坚持预测预报，准确掌握最佳防治时期。

3. 正确选择农药

农药有很多品种，都有自己的毒理特性及适宜防治对象。无公害生产必须选择对人、畜、果品、桃树及天敌安全，对环境污染少的高效、低毒、低残留农药。严禁高毒、高残留农药的使用。

4. 轮换用药

对一种防治对象，有多种农药可以选择，若认为某种农药好就连续反复使用，会诱发病虫的抗药性，降低防治效果。当此情况出现时，果农往往采取提高药液浓度，增加防治次数的方法，结果是病虫抗性更强，药效更差，对环境污染更重。若选择作用机制不同的农药交替使用，既能减少用药，又能提高防效，还能降低病虫抗性。

5. 提高喷药质量

选择晴朗无风天气，农药充分稀释，随配随用。喷药时提高药液雾化程度，树冠上下、内外均匀喷药，可取得最好的防治效果，能延长施药间隔期，减少果园用药量。

第八章　桃规模生产果实采收管理

第一节　熟期识别与田间测产

一、熟期识别

桃果的品质、风味和色泽是在树上发育过程中形成的，采收后几乎不会因后熟而有所增进。采收过早，果实尚未发育完全，风味差，采收过晚，果肉软化不耐贮藏。适宜的采收期应根据品种特性、市场远近、贮运条件和用途等综合因素来确定。生产上应根据成熟度适时采收。

1. 成熟期的确定

（1）果实发育期和历年采收期。每个品种的果实发育期是相对稳定的，可根据不同品种的发育期确定采收期，但是受气温、雨水等情况的影响，成熟期在不同年份也有变化，也要参考历年的采收期（主要鲜桃品种食用成熟度的基本性状及理化指标见农业行业标准：鲜桃 NY/T 586—2002）。

（2）果皮颜色。以果皮底色的变化为主，辅以果实彩色，果皮开始退绿，变为白色或乳白色，果面茸毛开始减少，有色品种基本满色时为采收适期。

（3）果肉颜色。黄肉桃由青转黄，白肉桃由青转乳白色或白色。

（4）果实风味。果实内淀粉转化为糖，含酸量下降，单宁减少，果汁增多，果实有香味，表现出品种固有的风味。

（5）果实硬度。一般未成熟的果实硬度较大，达到一定成熟度后，才变得柔软多汁，成熟中由于原果胶物质的分解，果实硬度逐渐减少，只有掌握适当的硬度，在最佳质地采收，产品才能够耐贮藏和运输。

（6）果实的大小形状。果实必须长到一定的大小、重量和充实饱满的程度才能达到成熟，果实的大小和形状，一般在采收时，需待果实充分膨大至近于停止生长后才进行，但从果实大小判断不能作为决定因素，只能作为依据之一。

2. 成熟度的分级

桃果实不耐储运，须根据运输与销售的需要适时采收。生产上将桃的成熟度分为七成熟、八成熟、九成熟、十成熟 4 种。其中，七成熟和八成熟属于硬熟期，九成熟、十成熟属于完熟期，硬熟期的果实较耐贮藏和长途运输。

（1）七成熟。底色绿，果实充分发育。果面基本平展无坑洼，中、晚熟品种在缝合线附近有少量坑洼痕迹，果面毛茸较厚。

（2）八成熟。绿色开始减退，呈淡绿色，俗称发白。果面丰满，毛茸减少，果肉稍硬。有色品种阳面有少量着色。

（3）九成熟。绿色大部褪尽，呈现品种本身应有的底色，如白、乳白、橙黄等。毛茸少，果肉稍有弹性，芳香，表现品种风味特性。有色品种大面积着色。

（4）十成熟。果实毛茸易脱落，无残留绿色。软溶质桃果肉柔软多汁，硬肉桃果肉开始变面，不溶质桃果肉呈现较大弹性。

二、田间测产

在桃生产过程中，为了了解和掌握新技术、新品种推广应用

所产生的效益情况，或为解决桃园纠纷问题取证，需要获得桃园产量数据，在果实收获前，可通过测产的方法获得，测产不同于凭借经验对桃园的估产，测产数据更加接近于实际产量。现介绍常用的桃园测产方法。

1. 随机取样

根据桃园大小、生产条件、地块形状选择，一般 5 亩以下的果园，生产条件基本一致，可随机抽取 2 个测产地段；如果生产条件不一致，可多选几个测产地段。

2. 确定样本株

在测产地段，采用五点法确定样本株，即 4 个角和中心地段各选定 1 点，边行树不得入选。桃单株为 1 个样本株。

（1）数测产地段桃树的行数和株数。

（2）确定样本株具体的位置，如某桃园测产地段有 40 行树，每行 62 株，中心地段样本株确定为第二十行第三十一株；4 个角的样本株确定为从边行数第六行第八株。注意要在地头提前确定样本株，不得入园测产时再根据桃树大小随意选取，以保证测产的公正性、科学性。

3. 依树划等份

样本株确定后，根据其生长情况、果实在枝干分布情况，将样本株划分为 2 份、4 份、6 份、8 份、10 份。

4. 采摘果实称重量

采摘样本株若干等份的果实，称其重量，再乘以等份数，换算成样本株的产量。如某样本株果实分布较均匀，被分为 10 个等份，采摘其中 1 个等份果实，称重为 3kg，3kg × 10 个等份 = 30kg，为该样本株的产量。把 5 个样本株的产量加在一起，除以 5，为每个样本株的平均产量。

5. 求得亩产量

按桃园株行距折算面积，计算亩株数，乘以样本株平均产量，即为桃园的亩产量。如某桃园，株行距为 3m × 5m，面积 $15m^2$，$667m^2 \div 15m^2 = 44.5$ 株（保留 1 位小数），44.5 株 × 样本株产量 30kg = 1 335kg。

以上是桃园 5 点取样测产方法。

如果是全园果实都套果袋，可称取一定数量标准果实重量，乘以所用果袋数量，即为该桃园的测产结果，这种方法也更加接近桃园实际产量。

第二节　果实采收与销售

一、果实的采收

1. 采收时间

采收时间应避开阳光过分暴晒和露水，选择早晨低温时采收为好，此时，果温低，采后装箱，果实升温慢，可以延长贮运时间。采后要立即将果实置于阴凉处。

2. 采收方法

桃的果实多数柔软多汁，采摘人员要戴好手套或剪短指甲，以免划伤果皮。

采摘时要轻采轻放，不要用力捏捏果实，不能强拉果实，应用全掌握住果实，均匀用力，稍稍扭转，顺果枝侧上方摘下。对果柄短、梗洼深、果肩高的品种，摘取时不能扭转，而是要用全掌握住果实顺枝向下拔取。

对特大型品种如中华寿桃等，如按常规摘取，常常使果蒂处出现皮裂大伤口，既影响外观，又不耐贮运，可以用采收剪把果柄处的枝条剪断，将果取下，效果较好。蟠桃底部果柄处果皮易撕裂，要小心翼翼地连同果柄一起采下。

3. 采收注意事项

（1）分期采收。同一棵树上的桃果实成熟期也不一致，所以，要分期采收。一般品种分 2～3 次采收，少数品种可分 3～5 次采收，整个采收期 7～10 天。第一、第二次采收先采摘果个大的，留下小果继续生长，可以增加产量。

（2）采收顺序。应从下往上，由外向里逐枝采摘，以免漏采，并减少枝芽和果实的擦碰损伤。采摘时动作要轻，不能损伤果枝，果实要轻拿轻放，避免刺伤和碰压伤。

（3）采收容器。一般每一容器（箱、筐）盛装量以不超过 5kg 为宜，太多易挤压果品，引起机械伤。

（4）按成熟度采收。就地销售的鲜食品种应在九成熟时采收，此时期采收的桃果品质优良，能表现出品种固有的风味；需长途运输的应在八成、九成熟时采摘；贮藏用桃可在八成熟时采收；精品包装、冷链运输销售的桃果可在九成、十成熟时采收；加工用桃应在八成、九成熟时采收，此时，采收的果实，加工成品色泽好，风味佳，加工利用率也高。肉质软的品种，采收成熟度应低一些，肉质较硬、韧性好的品种采收成熟度可高一些。

二、果实的预冷、分级与包装

（一）预冷

桃采收时气温较高，桃果带有很高的田间热，加上采收的桃呼吸旺盛，释放的呼吸热多，如不及时预冷，降低温度，桃会很快软化衰老、腐烂变质。因此，采后要尽快将桃运至通风阴凉处，散发田间热，再进行分级包装。包装后，置阴凉通风处待运。

桃子采收后要尽量预冷至要求的温度，然后通过洒水、挂湿草帘等方式调节空气湿度，要尽可能地将其控制在 90% 左右，一般在采后 12 小时内、最迟 24 小时内将果实冷却到 5℃以下，可有效地抑制桃褐腐病和软腐病的发生。桃预冷的方式有风冷和 0. 5 ~ 1℃冷水冷却，后者效果更佳。

1. 自然冷源预冷

这类方法多用于秋冬季采收的桃果，采收后防在阴凉处或利用夜间的低温进行散热预冷。

2. 冰水预冷

在常温水中加入适量的冰块，待冰块溶解到一定的程度，水温达到所需温度时，将果品浸入水中预冷。这种预冷方法速度较快，效果较好，直径为 7. 6cm 的桃在 1. 6℃水中 30 分钟，可将其温度从 32℃降到 4℃，直径 5. 1cm 的桃在 1. 6℃水中 15 分钟可冷却到同样的温度。水冷却后要晾干后再包装。

3. 冷风预冷

利用机械制冷产生的冷风将果品温度降至适宜的温度，再进行长途运输为冷风预冷。冷风预冷可利用冷风机来完成，也可利用专用预冷库来进行。只要采收时果温高于运输时适宜的温度，都可以用这种方式进行预冷降温。风冷却速度较慢，一般需要 8—12 小时或更长的时间。

4. 真空快速预冷

利用真空快速预冷机，将运输的桃果短时间内降至运输时适宜温度。这种预冷方法是将果品装在一个可抽真空密封的容器内，利用抽气降压迅速降温来完成。真空快速预冷的原理，是在降压过程中，使果品在超低压的状态下，迅速蒸发一小部分水分而使果温快速（20 ~ 30 分钟）降下来。

（二）分级

1. 挑选

挑选是指剔除受病虫害侵染和受机械损伤的果实，一般采用人工挑选，量少时，可用转换包装的方式进行；量多而且处

理时间要求短时，可用专用传送带进行人工挑选。操作员必须戴手套，挑选过程中要轻拿轻放，以免造成新的机械伤。一般挑选过程常常与分级、包装等过程结合，以节省人力、降低成本。

2. 分级

为了使出售的桃果规格一致，便于包装贮运，必须进行分级。我国目前桃园多是家庭承包，经营规模小，果实多是边采边分级，分级前，先拣出病虫果、腐烂果、伤果以及形状不整、色泽不佳、大小或重量不足的果实，成熟度过高的另作存放，单独处理，然后将剩余的合格果实按大小、色泽等分成不同等级。中华人民共和国农业行业标准鲜桃部分（NY/T 586—2002）规定了鲜食桃果实品质等级标准。

（三）包装

桃的商品化生产，对果实进行包装是商品化处理的一个重要内容，对于保持桃果良好的商品状态、品质和食用价值，是非常重要的。它可以使桃果在处理、运输、贮藏和销售的过程中，便于装卸和周转，减少因互相摩擦、碰撞和挤压等所造成的损失，还能减少果实的水分蒸发，保持新鲜，提高贮藏性能。采用安全、合理、适用、美观的包装，对于提高商品价值、商品信誉和商品竞争力，有十分重要的意义。

1. 内包装

内包装实际上是为了尽量避免果品受到振动或碰撞而造成损伤，和保持果品周围的温度、湿度与气体成分小环境的辅助包装。通常，内包装为衬垫、铺垫、浅盘、各种塑料包装膜、包装纸（含防腐保鲜纸）、泡沫网套及塑料盒等。聚乙烯（PE）等塑料薄膜，可以保持湿度，防止水分损失，而且由于果品本身的呼吸作用能够在包装内形成高二氧化碳、低氧气量的自发气调环境，现在是最适的内包装。其主要用作箱装内衬薄膜和薄膜袋、单果包装薄膜袋等。

2. 外包装

外包装好劣，直接影响到运输质量和流通效益，要求坚固耐用，清洁卫生，干燥无异味，内外均无刺伤果实的尖突物，并有合适的通气孔，对产品具有良好的保护作用。包装材料及制备标记应无毒性。外包装包括纸箱（含小纸箱外套的大纸箱），泡沫箱、塑料箱、木箱、竹筐等，目前以纸箱应用最多。

3. 大小要求

桃在贮运过程中很容易受机械损伤，特别成熟后的桃柔软多汁，不耐压，因此，包装容器不得过大，一般为2.5～10kg，容器内部放码层数不多于3层。将选好的无病虫害、无机械伤、成熟度一致、经保鲜剂处理的桃果放入纸箱中，箱内衬纸或聚苯泡沫纸，高档果用泡沫网套单果包装，或用浅果盘单层包装，装箱后固封。如需放人冷藏库贮藏，可在箱内铺衬0.03～0.04mm聚乙烯塑料薄膜袋，扎紧袋口，保鲜效果更好。

为防止袋内结露引起腐烂，可在薄膜袋上打孔。若用木箱或竹筐装，箱内要衬包装纸，每个果要软纸单果包装，避免果实摩擦挤伤。

4. 外观要求

销售用的外包装应有精美的装潢，借以吸引消费者。并且要有安全标志（有机食品、绿色食品、无公害食品等）和规格等级、数量、产地或企业名称、包装日期、质检人员等。

三、果实的保鲜、贮藏与运输

（一）保鲜

1. 防腐保鲜处理

桃果贮藏主要采取低温和气调技术，若加上防腐保鲜剂处理，则贮藏效果更佳。桃在贮藏过程中易发生褐腐病、软腐病和

青、绿霉病，可用仲丁胺系列防腐保鲜剂杀灭青霉菌和绿霉菌等，常用的有克霉唑 15 倍液（洗果），100～200mg/kg 的苯莱特和 450～900mg/kg 的二氯硝基苯胺（DCNA）混合液（浸果）。CT 系列、森柏尔系列保鲜剂等对桃果贮藏也有很好效果，药物处理可以和保鲜剂处理合并处理。洗果或浸果时，配药要用干净水，浸果后要待果面水分蒸发干后再包装。要注意经保鲜剂处理过的桃子不能放入气调库贮藏。

（1）准备盛放处理溶液的容器，或者在采摘地点挖掘方型沟槽，沟槽内铺衬上塑料薄膜，注意检查薄膜有无漏洞，避免造成保鲜剂溶液泄漏流失。

（2）将所需清水倒入容器或沟槽中，再将对应的保鲜剂原液倒入清水中，将溶液轻轻搅拌后放置 30 分钟，待溶液中的絮状物完全溶解后便可以使用。杀菌剂按规定的比例配制好，混入后搅拌均匀后待用。

（3）将桃子放入容器或沟槽中浸泡，注意浸泡时要让果实完全浸入溶液中，浸泡 2 分钟后捞出，晾干后装箱贮藏或销售。操作时尽量轻拿轻放，减少对果实的损伤。

2. 钙处理

钙是水果细胞中胶层的重要组成成分，许多研究表明，对果实进行钙（Ca）处理可推迟桃成熟，提高果实硬度和贮藏寿命，以浓度为 1.5%、2% 的钙效果较好，钙一方面能降低桃的呼吸强度，减少果实的有机物消耗，提高了桃的贮藏品质；另一方面抑制了脂氧化作用，减少了自由基伤害，降低了果实乙烯含量，因此，有效地抑制了果实衰老。该处理的方法有以下两种：

（1）采前喷钙。在花后至硬核期和采前 2 周对桃果面喷施有机钙，增加果实中钙的含量。

（2）采后浸钙。利用预冷用 1.5% 的 $CaCl_2$ 溶液处理 1～2

小时。

3. 生长调节剂

处理开花后21天及24天对桃喷施赤霉素（GA）及乙烯利可抑制果实在贮藏中的褐变，增多果实中酚类化合物的数量和种类，并降低多酚氧化酶活性。

4. 热激处理

近年来，热激处理作为无公害保鲜水果的一种方法已引起人们的普遍关注。据报道，热激处理后果实的呼吸作用下降，可延迟跃变型果实呼吸高峰的到来，抑制乙烯的产生，钝化果实中EFE酶的活性，从而能有效地控制果实的软化、成熟腐烂及某些生理病害。桃采收后迅速预热至40℃左右处理效果最为理想，处理后，桃果实的呼吸速率、细胞膜透性、丙二醛的积累及多酚氧化酶的活性都减小。在一定程度上还可以保持果实的硬度，降低酸度，减少腐烂。

（二）贮藏

1. 窖藏

选择最晚熟的、底色青绿、果皮较厚的品种如青州蜜桃，于寒露后采收。采收前在地势高、不积水的地方，窖深50～60cm，宽1～1.2m，长视果实贮量而定，一般20～30m，挖好后先晾干，在窖底部铺上麦秸、高粱秸，将果实分层堆放，地窖上铺盖草席，白天盖上晚上揭开通风。贮藏期间要勤检查，防治果实失水皱皮。

2. 冷藏

桃和油桃的适宜贮温为0℃，相对湿度为90%～95%，贮期可达3～4周，桃子入库初期，可适当通风换气。若贮期过长，果实风味变淡，产生冷害且移至常温后不能正常后熟，若要较长时间贮藏，必须严格控制冷库温度，库温不能波动，－1℃以下就会有受冻的可能。冷藏中采用塑料小包装，可延长贮期，获得

更好的贮藏效果。桃子冷藏时间过长，会淡而无味，因此，其贮藏期不宜过长。

3. 气调贮藏

国内推荐0℃下，采用（1%～2% O_2）＋（3%～5% CO_2），桃可贮藏4～6周；1% O_2 +5% CO_2贮藏油桃，贮期可达45天。将气调或冷藏的桃贮藏2～3周后，移到18～20℃的空气中放2天，再放回原来的环境继续贮藏，能较好地保持桃的品质，减少低温伤害。据报道，采用保鲜袋和CT系列气调保鲜剂的自发气调贮藏，在0～2℃的条件下可贮藏2个月，在25～30℃的条件下至少保鲜8～10天，但贮藏条件及操作程序要严格掌握。

4. 简易气调贮藏

将八成、九成熟的桃采后装入内衬PVC或PE薄膜袋的纸箱或竹筐内，运回冷藏库立即进行24小时预冷处理，然后在袋内分别加入一定量的仲丁胺熏蒸剂、乙烯吸收剂及CO_2脱除剂，将袋口扎紧，封箱码垛进行贮藏，保持库温0～2℃。各品种中大久保和白凤在冷藏、简易气调加防腐条件下贮藏50～60天，好果率在95%以上，基本保持原有硬度和风味；深州蜜桃、绿化9号、北京14号的保鲜效果次之；而冈山白耐贮性最差。

入贮后要定期检查，短期贮藏的桃果每天观察1次，中长期的果实每3～5天检查1次。

（三）运输

桃属鲜活易腐果品，在长途运输过程中，若管理不好，易发生腐烂变质。因此，要十分重视运输过程中温度、湿度和时间等因素的影响。按国际冷协1974年对新鲜水果、蔬菜在低温运输时的推荐温度，桃在1～2日的运输中，其运输环境温度为0～7℃；在2～3日的运输中，其运输环境温度为0～3℃；若在途中超过6天，则应与低温贮藏温度一致。

随着我国公路业的迅速发展和高速公路的加速建设，汽车运输成为桃果运输的主要方式。汽车最大的优势是最大可能地减少了果品的周转次数，从产地到销地果品周转 2～3 次即可，但是汽车运输的最大弊病是运输途中颠簸较大，造成运输过程中产生的机械伤。当前国内果品汽运的主要方式有常温和冷藏保鲜车两种，今后的发展方向是冷藏运输。

果品运输的方式还有飞机运输、火车运输、冷仓船运输。飞机运输具有速度快、运输质量高、机械伤轻等优势，但运费价格高昂，周转环节多是其缺点。冷仓船运输是指带制冷设备，能控制较低运输温度的船舶。由于它装运量大，海上行进平稳，不仅运费低廉，而且运输质量较高，但运输途中拖的时间较长。多采用冷藏集装箱，进行大的包装，装船运输。除了冷仓船专用运输之外，也可以采用普通运货船和客货混用船运输。火车运输，按其配备的设备不同，又分为制冷机保车、加冰车和普通运货车皮。

在冷藏运输尚未广泛推广之前，为了保持桃果的品质，在运输过程中应注意以下事项：及时调运，装卸要轻，码放要有间隙，如采用“品”字形码放，以利通风降温。堆层不可过高。要采用篷车或加覆盖运输，避免阳光直晒。

第三节　果实采收后的管理

桃树果实采收后，叶片光合作用制造的养分不再用于果实生长消耗，而是用于花芽分化，枝干加粗、组织成熟和营养物质积累，应该说桃果采收后并不是当年生产管理的结束，而是争取翌年丰收的开始，因此，加强果实采收后的管理非常重要。

一、采后修剪

桃树采果后，应注意以下几方面的修剪工作。

（1）对初结果树，骨干枝角度小的，要拉枝开张角度；新抽生和生长旺的枝条，长到30cm左右时，进行摘心。

（2）对过密枝、细弱枝、下垂枝、病虫为害枝及上部无利用价值的直立枝要疏除；对衰弱的老枝组，适当疏剪纤细枝，减少营养消耗，改善树冠光照和通风状况。

（3）适当回缩重叠枝、交叉枝及一些衰老的结果枝组。

（4）短截结果枝上先端的结果枝段，靠近基部的枝应尽量保留，留作预备枝。

（5）疏去上部强旺的枝梢部分，然后在基部扭枝，控制长势，促其形成花芽。

（6）对内膛有改造价值的直立旺枝，选择基部枝，在生长较弱副梢处短截或扭梢别枝，缓和长势，促其结果。

（7）对竞争枝可以进行剪伤或扭梢下压，控制生长，使其形成结果枝组。

（8）树冠内膛枝少的桃树，将主枝角度尽量拉开，近水平状，增加内膛枝量；也可以环刻，促其萌发新枝，在落叶前对新梢摘心或扭梢，促其成为枝组，增加结果部位。

二、采后土肥水管理

桃树采果后，普遍出现树势衰弱，此时，加强管理，是争取翌年丰收的开始。

1. 松土

桃树采果后，应立即中耕松土除草。一般锄深10～15cm。在9—11月，还要进行一次深达30～50cm的深度中耕。中耕时，要注意不使树干周围地面低洼，以防降水或浇水时根颈部积水。

2. 施肥

桃树丰产性能好，根系呼吸旺盛，采果后易导致缺肥缺氧症状。因此，及早施肥对补充树体营养极为重要。一般来说，成龄桃园顺行向挖深80cm、宽1m的条状沟，底部铺30cm厚的麦秸，离地面20～40cm处，每亩施入优质土杂肥3 000kg、硫酸钾80kg，与土壤充分掺和后，能创造适宜根系生长的环境条件，满足采果后桃树对肥水的需求，为翌年丰产奠定基础。

3. 排水

因桃树怕涝，雨季雨水多，桃园若有积水，应及时挖沟排出，谨防桃园发生渍涝灾害。

4. 覆草

桃树根系需要的氧气比其他果树多，只有当土壤含氧量保持在10%左右时，根系才能正常生长。而果园覆草后可增加土壤有机质、保持土壤疏松，促进桃树生长发育。

5. 浇水

有条件的果园，在土壤封冻前，要浇水1次，以保证桃树安全越冬。浇水量视当年干旱程度及树龄大小具体来定。

三、采后病虫害防治

桃采收后的主要病虫害是细菌性穿孔病、蚜虫、潜叶蛾、红蜘蛛等，要适时防治。细菌性穿孔病的防治要以预防为主，从6月上旬开始，叶面喷施硫酸锌石灰液，配比为硫酸锌：生石灰：水=0.5：2：120，每15天1次，共4～5次；蚜虫可用10%的吡虫啉粉剂3 000倍液或25%的蚜虱速克乳油2 000倍液防治；潜叶蛾可用25%的灭幼脲3号1 000倍液进行防治；红蜘蛛可用20%的螨死净悬浮剂3 000倍液或1.8%的齐螨素乳油4 000倍液，或30%的蛾螨灵2 000倍液防治。对流胶病，一是要尽量避免枝干遭受机械损伤；二是将枝干上的流胶刮除后，用生石灰10份、

石硫合剂1份、食盐2份、植物油0.3份加适量水配成的保护剂，涂抹患处或剪口处即可。秋季涂白，可以降低昼夜温差，防止冻害和日烧，还可以杀灭树干上的病虫害，其配比为生石灰：石硫合剂：食盐：水=5：1：1：20，黏土少许。将配制好的涂白剂均匀涂在主干上不往下流即可，注意不要涂枝梢，以免烧坏芽子。

第九章　桃规模生产成本核算

第一节　桃生产补贴与优惠政策

2016 年，国家落实发展新理念加快农业现代化促进农民持续增收政策措施有 52 项，其中，与桃生产有关的补贴与政策如下。

一、桃生产相关补贴

1. 农业支持保护补贴

为提高农业补贴政策效能，2015 年国家启动农业“三项补贴”改革，将种粮直补、农资综合补贴、良种补贴合并为“农业支持保护补贴”，政策目标调整为支持耕地地力保护和粮食适度规模经营。

2. 农机购置补贴

2016 年，农机购置补贴政策在全国所有农牧业县（场）范围内实施，补贴对象为直接从事农业生产的个人和农业生产经营组织，补贴机具种类为 11 大类 43 个小类 137 个品目，各省可结合实际从中确定具体补贴机具种类。农机购置补贴政策实施方式实行自主购机、县级结算、直补到卡（户），补贴标准由省级农机化主管部门按规定确定，不允许对省内外企业生产的同类产品实行差别对待。一般机具的中央财政资金单机补贴额不超过 5 万元；挤奶机械、烘干机单机补贴额不超过 12 万元；100 马力以

上大型拖拉机、高性能青饲料收获机、大型免耕播种机、大型联合收割机、水稻大型浸种催芽程控设备单机补贴额不超过15万元；200马力以上拖拉机单机补贴额不超过25万元；大型甘蔗收获机单机补贴额不超过40万元；大型棉花采摘机单机补贴额不超过60万元。

3. 农机报废更新补贴试点

2016年农业部、财政部继续在江苏等17个省（市、区）开展农机报废更新补贴试点工作，尚未开展试点的省份可自主决定是否开展，鼓励非试点省份结合本省实际开展试点，加快淘汰老旧农机。农机报废更新补贴与农机购置补贴相衔接，同步实施。报废补贴机具种类是已在农业机械安全监理机构登记，并达到报废标准或超过报废年限的拖拉机和联合收割机。农机报废更新补贴标准按报废拖拉机、联合收割机的机型和类别确定，拖拉机根据马力段的不同补贴额从500～11 000元不等，联合收割机根据喂入量（或收割行数）的不同分为3 000～18 000元不等。

4. 农机深松整地作业补助

纳入《全国农机深松整地作业实施规划（2016—2020年》的省份可结合实际，在适宜地区开展农机深松整地作业补助试点项目，所需资金从2016年中央财政下达各省（垦区）的农机购置补贴资金中统筹安排。补助对象为项目区内自愿实施农机深松整地的农民（包括农场职工），或者开展农机深松整地作业的农机服务组织（农机户）。项目区以外的，暂不享受补助政策。补助标准由各有关省（垦区）综合考虑本地农机深松整地的技术模式、成本费用、农民意愿、规划任务等因素自主确定。采取“先作业后补助、先公示后兑现”的方式，向农民或农机户发放农机深松整地作业补助。

5. 测土配方施肥补助

2016年，中央财政安排测土配方施肥专项资金7亿元，深入推进测土配方施肥，结合“到2020年化肥使用量零增长行动”，选择一批重点县开展化肥减量增效试点。创新实施方式，依托新型经营主体和专业化农化服务组织，集中连片整体实施，促进化肥减量增效、提质增效，着力提升科学施肥水平。2016年，项目区测土配方施肥技术覆盖率达到90%以上，畜禽粪便和农作物秸秆养分还田率显著提高，配方肥推广面积和数量实现“双增”，主要农作物施肥结构、施肥方式进一步优化。

二、桃生产相关政策

1. 耕地轮作休耕试点政策

十八届五中全会建议提出，探索实行耕地轮作休耕制度试点。农业部在开展实地调研并组织专家深入研究的基础上，拟定了《耕地轮作休耕制度试点方案》，提出今后5年轮作休耕试点的思路原则、目标任务、技术路径、重点区域、补助标准和保障措施。总的考虑，坚持生态优先、轮作为主、休耕为辅、自然恢复的方针，以保障国家粮食安全和不影响农民收入为前提，突出重点区域、加大政策扶持、强化科技支撑，加快构建用地养地结合的耕作制度体系。对于轮作，重点在“镰刀弯”地区开展试点，探索建立粮豆、粮油、粮饲等轮作制度。对于休耕，选择地下水漏斗区、重金属污染区、生态严重退化地区，探索建立季节性、年度性休耕模式，促进资源永续利用和农业持续发展。按照五中全会建议说明中提出的“对休耕农民给予必要的粮食或现金补助”的要求，农业部会同有关部门在整合现有项目资金的同时，结合湖南重金属污染区综合治理试点和河北地下水超采综合治理试点项目，支持开展耕地轮作休耕制度试点。

2. 菜果茶标准化创建支持政策

当前，园艺作物标准化创建重点是在强基础、提质量上下功夫，进一步扩大规模、提升档次，在蔬菜、水果、茶优势区域集

中连片推进。园艺作物标准园创建过程中，与老果（茶）园改造、农业综合开发、植保专业化统防统治、农药化肥零增长行动等项目实施紧密结合，紧紧围绕提高产品质量和产业素质，打造一批规模化种植、标准化生产、商品化处理、品牌化销售和产业化经营的高标准、高水平的蔬菜、水果、茶叶标准园和标准化示范区。

3. 化肥、农药零增长支持政策

2016 年，按照《到 2020 年化肥使用量零增长行动方案》的要求，以用肥量大的玉米、蔬菜、水果等作物为重点，选择一批重点县开展化肥减量增效试点。一是大力推广化肥减量增效技术。依托规模化新型经营主体，建立化肥减量增效示范区，示范带动农户采用化肥减量增效技术，推进农机农艺结合改进施肥方式，提高化肥利用率。二是大力推动配方肥到田。开展农企合作推广配方肥活动，探索实施配方肥、有机肥到田补贴，推动配方肥、有机肥和高效新型肥料进村入户到田，优化肥料使用结构。三是大力推进社会化服务。积极探索政府购买服务有效模式，充分利用现代信息技术和电子商务平台，支持社会化农化服务组织开展科学施肥服务，深入开展测土配方施肥手机信息服务。

2016 年，按照《到 2020 年农药使用量零增长行动方案》，大力推进统防统治、绿色防控、科学用药，减少农药使用量，提高利用率。一是推进统防统治与绿色防控融合。结合实施重大农作物病虫害统防统治补助项目，扶持专业化服务组织，推进统防统治与绿色防控融合，实现病虫综合防治、农药减量控害。二是开展蜜蜂授粉与病虫害绿色防控技术集成示范。扶持建立一批示范区，组装集成技术模式，推广绿色防控技术，保护利用蜜蜂授粉，实现增产、提质、增收及农药减量。三是实施低毒生物农药示范补贴试点。2016 年财政专项安排 996 万元，继续在北京等 17 个省（市）的 48 个蔬菜、水果、茶等园艺作物生产大县开展低毒生物农药示范补助试点，补助农民因采用低毒生物农药增加的用药支出，鼓励和带动低毒生物农药推广应用。

4. 耕地保护与质量提升补助政策

2016 年，中央财政安排专项资金 8 亿元，在全国部分县（场、单位），开展耕地质量建设试点。按照因地制宜、分类指导、综合施策的原则，推广应用秸秆还田、增施有机肥、种植绿肥等技术模式。一是退化耕地综合治理。重点是南方土壤酸化（包括潜育化）和北方土壤盐渍化的综合治理。施用石灰和土壤调理剂，开展秸秆还田或种植绿肥等。二是污染耕地阻控修复。重点是土壤重金属污染修复和白色（残膜）污染防控。施用石灰和土壤调理剂调酸钝化重金属，开展秸秆还田或种植绿肥等。三是土壤肥力保护提升。重点是秸秆还田、增施有机肥、种植绿肥。此外，中央财政安排专项资金 5 亿元，继续在东北四省区 17 个县（场）开展黑土地保护利用试点，综合运用复合型农艺措施，遏制黑土退化趋势，探索黑土地保护利用的技术模式和工作机制。

5. 加强高标准农田建设支持政策

2013 年，经国务院同意，国家发改委印发了《全国高标准农田建设总体规划》，提出到 2020 年，全国建成 8 亿亩高标准农田。2014 年，为规范高标准农田建设、统一建设要求，国家标准化委员会发布了《高标准农田建设通则》。2016 年，中央 1 号文件明确要求，到 2020 年确保建成 8 亿亩、力争建成 10 亿亩集中连片、旱涝保收、稳产高产、生态友好的高标准农田，优先在粮食主产区建设确保口粮安全的高标准农田。目前，建设高标准农田的投资主要有，国土资源部国土整治、财政部农业综合开发、国家发改委牵头的新增千亿斤粮食产能田间工程建设和水利部农田水利设施建设补助等。

6. 设施农用地支持政策

2014 年，国土资源部、农业部联合印发了《关于进一步支持设施农业健康发展的通知》（国土资发〔2014〕127 号），进一步完善了设施农用地支持政策。一是将规模化粮食生产所必需的配套设施用地纳入“设施农用地”范围。在原有生产设施用地和附属设施用地基础上，明确“配套设施用地”为设施农用地。将农业专业大户、家庭农场、农民合作社、农业企业等从事规模化粮食生产所必需的配套设施用地，包括晾晒场、粮食烘干设施、粮食和农资临时存放场所、大型农机具临时存放场所等设施用地按照农用地管理。二是将设施农用地由“审核制”改为“备案制”。按照国务院清理行政审批事项的要求，设施农用地实行备案制管理，细化用地原则、标准和规模等规定，强化乡镇、县级人民政府和国土、农业部门监管职责。三是细化设施农用地管理要求。明确设施农用地占用耕地不需补充耕地，使用后复垦，解决了“占一补一”难题。鼓励地方政府统一建设公用设施，提高农用设施利用效率。对于非农建设占用设施农用地的，应依法办理农用地转用手续并严格执行耕地占补平衡规定。

7. 种植业结构调整政策

2015 年 11 月，农业部制定下发《农业部关于“镰刀弯”地区玉米结构调整的指导意见》，提出通过适宜性调整、种养结合型调整、生态保护型调整、种地养地结合型调整、有保有压调整、围绕市场调整等路径，调整优化非优势区玉米结构，力争到 2020 年，“镰刀弯”地区玉米面积调减 5 000万亩以上。重点发展青贮玉米、大豆、优质饲草、杂粮杂豆、春小麦、经济林果和生态功能型植物等，推动农牧紧密结合、产业深度融合，促进农业效益提升和产业升级。2016 年，农业部整合项目资金，支持“镰刀弯”地区开展种植结构调整，改变玉米连作模式，实现用地养地相结合，促进农业可持续发展。同时，中央财政安排 1 亿元资金，支持开展马铃薯产业开发试点，研发不同马铃薯粉配比的馒头、面条、米线及其他区域性特色产品，改善居民饮食结构，打造小康社会主食文化。

8. 推进现代种业发展支持政策

2016 年，国家继续推进种业体制改革，强化种业政策支持，促进现代种业发展。一是深入推进种业领域科研成果权益改革。在总结权益改革试点经验基础上，研究出台种业领域科研成果权益改革指导性文件，通过探索实践科研成果权益分享、转移转化和科研人员分类管理政策机制，激发创新活力，释放创新潜能，促进科研人员依法有序向企业流动，切实将改革成果从试点单位扩大到全国种业领域，推动我国种业创新驱动发展和种业强国建设。二是推进现代种业工程建设。2016 年根据《“十三五”现代种业工程建设规划》和年度投资指南要求，建设国家农作物种质资源保存利用体系、品种审定试验体系、植物新品种测试体系以及品种登记及认证测试能力建设，支持育繁推一体化种子企业加快提升育种创新能力，推进海南、甘肃和四川等省国家级育制种基地和区域性良种繁育基地建设，全面提升现代种业基础设施和装备能力。三是继续实施中央财政对国家制种大县（含海南南繁科研育种大县）奖励政策，采取择优滚动支持的方式加大奖补力度，支持制种产业发展。

9. 农产品质量安全县创建支持政策

2014 年，国家启动农产品质量安全县创建活动，围绕“菜篮子”产品主产县，突出落实属地责任、加强全程监管、强化能力提升、推进社会共治，充分发挥地方的主动性和创造性，探索建立行之有效的农产品质量安全监管制度机制，引导带动各地全面提升农产品质量安全监管能力和水平。2015 年，农业部认定了首批 103 个农产品质量安全县和 4 个农产品质量安全市创建试点单位，中央财政安排每个创建试点县 100 万元、每个创建试点

市 150 万元的财政补助资金，支持农产品质量安全县创建活动。2016 年及今后一段时期，将逐步扩大创建范围，力争 5 年内基本覆盖“菜篮子”产品主产县，同时，提升创建县的农产品质量安全监管能力和水平，做到“五化”（生产标准化、发展绿色化、经营规模化、产品品牌化、监管法治化），实现“五个率先”（率先实现网格化监管体系全建立、率先实现规模基地标准化生产全覆盖、率先实现从田头到市场到餐桌的全链条监管、率先实现主要农产品质量全程可追溯、率先实现生产经营主体诚信档案全建立），成为标准化生产和依法监管的样板区。

10. 农产品产地初加工补助政策

2016 年，中央财政安排资金 9 亿元用于实施农产品产地初加工补助政策。补助政策将进一步突出扶持重点，向优势产区、新型农业经营主体、老少边穷地区倾斜。强化集中连片建设，实施县原则上调整数量不超过上年的 30%。提高补贴上限，每个专业合作社补助贮藏设施总库容不超过 800t（数量不超过 5 座），每个家庭农场补助贮藏设施总库容不超过 400t（数量不超过 2 座）。

11. 培育新型职业农民政策

2016 年，中央财政安排 13.9 亿元农民培训经费，继续实施新型职业农民培育工程，在全国 8 个整省、30 个市和 500 个示范县（含 100 个现代农业示范区）开展重点示范培育，探索完善教育培训、规范管理、政策扶持“三位一体”的新型职业农民培育制度体系。实施新型农业经营主体带头人轮训计划，以专业大户、家庭农场主、农民合作社骨干、农业企业职业经理人为重点对象，强化教育培训，提升创业兴业能力。继续实施现代青年农场主培养计划，新增培育对象 1 万名。

12. 基层农技推广体系改革与建设补助政策

2016 年，中央财政继续安排 26 亿元资金，支持各地加强基层农技推广体系改革与建设，以服务主导产业为导向，以提升农技推广服务效能为核心，以加强农技推广队伍建设为基础，以服务新型农业生产经营主体为重点，健全管理体制，激活运行机制，形成中央地方齐抓共管、各部门协同推进、产学研用相结合的农技推广服务新格局。中央财政资金主要用于农业科技示范基地建设、基层农技人员培训、科技示范户培育、农技人员推广服务补助等。

13. 培养农村实用人才政策

2016 年，继续开展农村实用人才带头人和大学生村官示范培训工作，全年计划举办 170 余期示范培训班，面向全国特别是贫困地区遴选 1.7 万多名村“两委”成员、家庭农场主、农民合作社负责人和大学生村官等免费到培训基地考察参观、学习交流。全面推进以新型职业农民为重点的农村实用人才认定管理，积极推动有关扶持政策向高素质现代农业生产经营者倾斜。组织实施“全国十佳农民”2016 年度资助项目，遴选 10 名从事种养业的优秀职业农民、每人给予 5 万元的资金资助。组织实施“农业科教兴村杰出带头人”和“全国杰出农村实用人才”资助项目。

14. 扶持家庭农场发展政策

2016 年，国家有关部门将采取一系列措施引导支持家庭农场健康稳定发展，主要包括：建立农业部门认定家庭农场名录，探索开展新型农业经营主体生产经营信息直连直报。继续开展家庭农场全面统计和典型监测工作。鼓励开展各级示范家庭农场创建，推动落实涉农建设项目、财政补贴、税收优惠、信贷支持、抵押担保、农业保险、设施用地等相关政策。加大对家庭农场经营者的培训力度，鼓励中高等学校特别是农业职业院校毕业生、新型农民和农村实用人才、务工经商返乡人员等兴办家庭农场。

15. 扶持农民合作社发展政策

国家鼓励发展专业合作、股份合作等多种形式的农民合作社，加强农民合作社示范社建设，支持合作社发展农产品加工流通和直供直销，积极扶持农民发展休闲旅游业合作社。扩大在农民合作社内部开展信用合作试点的范围，建立风险防范化解机制，落实地方政府监管责任。2015 年，中央财政扶持农民合作组织发展资金 20 亿元，支持发展粮食、畜牧、林果业合作社。落实国务院“三证合一”登记制度改革意见，自 2015 年 10 月 1 日起，新设立的农民专业合作社领取由工商行政管理部门核发加载统一社会信用代码的营业执照后，无须再次进行税务登记，不再领取税务登记证。农业部在北京、湖北、湖南、重庆等省市开展合作社贷款担保保费补助试点，以财政资金撬动对合作社的金融支持。2016 年，将继续落实现行的扶持政策，加强农民合作社示范社建设，评定一批国家示范社；鼓励和引导合作社拓展服务内容，创新组织形式、运行机制、产业业态，增强合作社发展活力。

16. 扶持农业产业化发展政策

2016 年，中央“1 号文件”明确提出完善农业产业链与农民的利益联结机制，促进农业产加销紧密衔接、农村一、二、三产业深度融合，推进农业产业链整合和价值链提升，让农民共享产业融合发展的增值收益。国家有关部委将支持农业产业化龙头企业建设稳定的原料生产基地、为农户提供贷款担保和资助订单农户参加农业保险。深入开展土地经营权入股发展农业产业化经营试点，引导农户自愿以土地经营权等入股龙头企业和农民合作社，采取“保底收益 + 按股分红”等方式，让农民以股东身份参与企业经营、分享二、三产业增值收益。加快“一村一品”专业示范村镇建设，支持示范村镇培育优势品牌，提升产品附加值和市场竞争力，推进产业提档升级。

17. 农业电子商务支持政策

2016 年，中央“1 号文件”明确提出促进农村电子商务加快发展。农业部会同国家发改委、商务部制定的《推进农业电子商务行动计划》提出开展 2 年 1 次的农业农村信息化示范基地申报认定工作，并向农业电子商务倾斜。农业部与商务部等 19 部门联合印发的《关于加快发展农村电子商务的意见》提出鼓励具备条件的供销合作社基层网点、农村邮政局所、村邮站、信息进村入户村级信息服务站等改造为农村电子商务服务点。支持种养大户、家庭农场、农民专业合作社等，对接电商平台，重点推动电商平台开设农业电商专区、降低平台使用费用和提供互联网金融服务等，实现“三品一标”“名特优新”“一村一品”农产品上网销售。鼓励新型农业经营主体与城市邮政局所、快递网点和社区直接对接，开展生鲜农产品“基地 + 社区直供”电子商务业务。组织相关企业、合作社，依托电商平台和“万村千乡”农资店等，提供测土配方施肥服务，并开展化肥、种子、农药等生产资料电子商务，推动放心农资进农家。以返乡高校毕业生、返乡青年、大学生村官等为重点，培养一批农村电子商务带头人和实用型人才。引导具有实践经验的电商从业者返乡创业，鼓励电子商务职业经理人到农村发展。进一步降低农村电商人才就业保障等方面的门槛。指导具有特色商品生产基础的乡村开展电子商务，吸引农民工返乡创业就业，引导农民立足农村、对接城市，探索农村创业新模式。农业部印发的《农业电子商务试点方案》提出，在北京、河北、吉林、湖南、广东、重庆、宁夏等 7 省（区、市）重点开展鲜活农产品电子商务试点，吉林、黑龙江、江苏、湖南等 4 省重点开展农业生产资料电子商务试点，北京、海南开展休闲农业电子商务试点。此外，农业部还将组织阿里巴巴、京东、苏宁等电商企业与现代农业示范区、农产品质量安全县、农业龙头企业对接，加快农业电子商务发展。

18. 农业保险支持政策

目前，中央财政提供农业保险保费补贴的品种包括种植业、养殖业和森林三大类，共15个品种，覆盖了水稻、小麦、玉米等主要粮食作物以及棉花、糖料作物、畜产品等，承保的主要农作物突破14.5亿亩，占全国播种面积的59%，三大主粮作物平均承保覆盖率超过70%。各级财政对保费累计补贴达到75%以上，其中中央财政一般补贴35%～50%，地方财政还对部分特色农业保险给予保费补贴，构建了“中央支持保基本，地方支持保特色”的多层次农业保险保费补贴体系。

2015年，保监会、财政部、农业部联合下发《关于进一步完善中央财政保费补贴型农业保险产品条款拟定工作的通知》，推动中央财政保费补贴型农业保险产品创新升级，在几个方面取得了重大突破。一是扩大保险范围。要求种植业保险主险责任要涵盖暴雨、洪水、冰雹、冻灾、旱灾等自然灾害以及病虫草鼠害等。养殖业保险将疾病、疫病纳入保险范围，并规定发生高传染性疾病政府实施强制扑杀时，保险公司应对投保户进行赔偿（赔偿金额可扣除政府扑杀补贴）。二是提高保障水平。要求保险金额覆盖直接物化成本或饲养成本，鼓励开发满足新型经营主体的多层次、高保障产品。三是降低理赔门槛。要求种植业保险及能繁母猪、生猪、奶牛等按头（只）保险的大牲畜保险不得设置绝对免赔，投保农作物损失率在80%以上的视作全部损失，降低了赔偿门槛。四是降低保费费率。以农业大省为重点，下调保费费率，部分地区种植业保险费率降幅接近50%。

2016年年初，财政部出台《关于加大对产粮大县三大粮食作物农业保险支持力度的通知》，规定省级财政对产粮大县三大粮食作物农业保险保费补贴比例高于25%的部分，中央财政承担高出部分的50%。政策实施后，中央财政对中西部、东部的补贴比例将由目前的40%、35%，逐步提高至47.5%、42.5%。

19. 财政支持建立全国农业信贷担保体系政策

2015 年，财政部、农业部、银监会联合下发《关于财政支持建立农业信贷担保体系的指导意见》（财农［2015］121 号），提出力争用 3 年时间建立健全具有中国特色、覆盖全国的农业信贷担保体系框架，为农业尤其是粮食适度规模经营的新型经营主体提供信贷担保服务，切实解决农业发展中的“融资难”“融资贵”问题，支持新型经营主体做大做强，促进粮食稳定发展和农业现代化建设。

全国农业信贷担保体系主要包括国家农业信贷担保联盟、省级农业信贷担保机构和市、县农业信贷担保机构。中央财政利用粮食适度规模经营资金对地方建立农业信贷担保体系提供资金支持，并在政策上给予指导。财政出资建立的农业信贷担保机构必须坚持政策性、专注性和独立性，应优先满足从事粮食适度规模经营的各类新型经营主体的需要，对新型经营主体的农业信贷担保余额不得低于总担保规模的 70%。在业务范围上，可以对新型经营主体开展粮食生产经营的信贷提供担保服务，包括基础设施、扩大和改进生产、引进新技术、市场开拓与品牌建设、土地长期租赁、流动资金等方面，还可以逐步向农业其他领域拓展，并向与农业直接相关的二三产业延伸，促进农村一、二、三产业融合发展。

20. 发展农村合作金融政策

2016 年，国家继续支持农民合作社和供销合作社发展农村合作金融，进一步扩大在农民合作社内部开展信用合作试点的范围，不断丰富农村地区金融机构类型。坚持社员制、封闭性原则，在不对外吸储放贷、不支付固定回报的前提下，以具备条件的农民合作社为依托，稳妥开展农民合作社内部资金互助试点，引导其向“生产经营合作 + 信用合作”延伸。进一步完善对新型农村合作金融组织的管理监督机制，金融监管部门负责制定农

村信用合作组织业务经营规则和监管规则，地方政府切实承担监管职责和风险处置责任。鼓励地方建立风险补偿基金，有效防范金融风险。

第二节 市场信息与种植决策

一、农产品市场调研

农产品市场调研就是针对农产品市场的特定问题。系统且有目的地收集、整理和分析有关信息资料，为农产品的种植、营销提供依据和参考。

1. 农产品市场调查的内容

（1）农产品市场环境调查。主要了解国家有关桃生产的政策、法规，交通运输条件，居民收入水平、购买力和消费结构等。

（2）农产品市场需求调查。一是市场需求调查。国内外在一定时段内对桃产品的需求量、需求结构、需求变化趋势、需求者购买动机、外贸出口及其潜力调查。二是市场占有率调查。是指桃产品加工企业在市场所占的销售百分比。

（3）农产品调查。主要调查：一是产品品种调查。重点了解市场需要什么品种，需要数量多少，农户种植的品种是否适销对路。二是产品质量调查。调查产品品质等。三是产品价格调查。调查近几年桃种植成本、供求状况、竞争状况等，及时调整生产计划，确定自己的价格策略。四是产品发展趋势调查。通过调查桃产品销售趋势，确定自己的投入水平、生产规模等。

（4）农产品销售调查。一是产品销路。重点对销售渠道，以及产品在销售市场的规模和特点进行调查。二是购买行为。调查企业对农产品的购买动机、购买方式等因素。三是农产品竞争。调查竞争形势，即桃生产的竞争力和竞争对手的特点。

2. 农产品市场调查方法

主要是收集资料的方法：一是直接调查法，主要有访问法、观察法和实验法。二是间接调查法或文案调查法，即收集已有的文献资料并整理分析。

（1）文案调查法。就是对现有的各种信息、情报资料进行收集、整理与分析。主要有5条途径。

①收集农产品经营者内部资料：主要包括不同区域与不同时间的销售品种和数量、稳定用户的调查资料、广告促销费用、用户意见、竞争对手的情况与实力、产品的成本与价格构成等。

②收集政府部门的统计资料和法规政策文件：主要包括政府部门的统计资料、调查报告，政府下达的方针、政策、法规、计划，国外各种信息和情报部门发布的消息。

③到互联网上收集信息：可以经常关注中国农产品市场网、中国农业信息网、中国惠农网等。

④到图书馆收集信息：借阅或查阅有关图书、期刊，了解桃生产情况。

⑤观看电视：收看电视新闻节目，了解政府最新政策动向和市场环境变化情况；可以关注CCTV－7农业频道的有关桃生产、销售的新闻节目和专题节目。

（2）访问法。事先拟定调查项目或问题以某种方式向被调查者提出，并要求给予答复，由此获得被调查者或消费者的动机、意向、态度等方面信息。主要有面谈调查、电话调查、邮寄调查、日记调查和留置调查等形式。

（3）观察法。由调查人员直接或通过仪器在现场观察调查对象的行为动态并加以记录而获取信息的一种方法。有直接观察和测量观察。

（4）试验法。试验法是指在控制的条件下对所研究现象的

一个或多个因素进行操纵，以测定这些因素之间的关系。如包装实验、价格实验、广告实验、新产品销售实验等。

3. 市场调研资料的整理与分析

市场调研后，要对收集到的资料数据进行整理和分析，使之系统化、合理化和简单化。

（1）市场调研资料整理与分析的过程。第一，要把收集的数据分类，如按时间、地点、质量、数量等方式分类；第二，对资料进行编校，如对资料进行鉴别与筛选，包括检查、改错等；第三，对资料进行整理，进行统计分析，列成表格或图式；第四，从总体中抽取样本来推算总体的调查带来的误差。

（2）市场调研数据的调整。在收集的数据中，由于非正常因素的影响，往往会导致某些数据出现偏差。对于这些由于偶然因素造成的、不能说明正常规律的数据，应当进行适当地调整和技术性处理。主要有剔除法、还原法、拉平法等。

（3）应用调研信息资料的若干技巧。市场调研获得信息后，就要进行利用。下面介绍利用市场调研信息进行经营活动的一些技巧。

①反向思维：就是按事物发展常规程序的相反方向进行思考，寻找利于自己发展，与常规程序完全不同的路子。这一点在农产品种植销售更值得思考。农民往往是第一年那个产品销售的好，第二年种植面积就会大幅度增减，造成农产品价格大幅度下降，出现“谷贱伤农、菜贱伤农”等现象。如当季农产品供过于求时，价格低廉可将产品贮藏起来，待产品供不应求时卖出，以赚取利润。

②以变应变：就是及时把握市场需求的变动，灵活根据市场变动调整农产品种植销售策略。

③“嫁接”：就是分析不同地域的优势和消费习惯，把其中能结合的连接起来，进行巧妙“嫁接”，从中开发新产品、新市

场。如特种玉米的种植，可采取特殊加工进行新产品开发和销售。

④“错位”：就是把劣势变成优势开展经营。如农产品中的反季节种植与销售。

⑤“夹缝”：就是寻找市场的空隙或冷门来开展经营。农产品生产经营易出现农户不分析市场信息，总是跟在别人后面跑，追捧所谓的热门，结果出现亏本。寻找市场空隙和冷门对生产规模不大的农产品经营者很有帮助。

⑥“绕弯”：就是用灵活策略去迎合多变的市场需求。可将农产品进行适当的加工、包装后，就有可能获得大幅度增值。

二、农产品市场需求预测

市场需求受到多种因素的影响，如消费者的人数、户数、收入高低、消费习惯、购买动机、商品价格、质量、功能、服务、社会舆论和有关政策等，其中，最主要的因素是人口、购买动机和购买力。

1. 市场需求量的估测

根据人口、购买动机和购买力这 3 个影响市场需求的主要因素，可以得到一个简单而实用的公式：

市场需求 = 人口 + 购买力 + 购买动机

2. 根据购买意图进行预测

有两种方法：直接预测和间接预测。

（1）直接预测。主要是通过问卷调查法、访问调查法等，预测在既定条件下购买者可能的购买行为：买什么？买多少？

（2）间接预测。主要有以下方法：一是销售人员意见调查。由企业或合作社召集销售人员共同讨论，最后提出预测结果的一种方法。二是专家意见法。邀请有关专家对市场需求及其变化进行预测的一种方法。三是试销法。把选定的产品投放到经过挑选

的有代表性的小型市场范围内进行销售试验，以检验在正式销售条件下购买者的反应。另外，还有趋势预测法和相关分析法，这2种方法需要专业人员进行预测分析。

第三节　成本分析与控制

一、桃规模生产的成本分析

农产品成本核算是农业经济核算的组成部分，通过农产品成本核算，才能正确反映生产消耗和经营成果，寻求降低成本途径，从而有效地改善和加强经营管理，促进增产增收。通过成本核算也可以为生产经营者合理安排生产布局，调整产业结构提供经济依据。

农产品生产成本核算要点

（1）成本核算对象。根据种植业生产特点和成本管理要求，按照“主要从细，次要从简”原则确定成本核算对象。

（2）成本核算周期。桃的成本核算的截止日期应算至入库或在场上能够销售。一般规定1年计算1次成本。

（3）成本核算项目。一是直接材料费。是指生产中耗用的自产或外购的种子、农药、肥料、地膜等。二是直接人工费。是指直接从事生产人员的工资、津贴、奖金、福利费等。三是机械作业费。是指生产过程中进行耕耙、播种、施肥、中耕除草、喷药、灌溉、收割等机械作业发生的费用支出。四是其他直接费。除以上3种费用以外的其他费用。

（4）成本核算指标。有2种：一是单位面积成本；二是单位产量成本。单位面积成本为常用。

二、桃规模生产的农业保险

农业保险是专为农业生产者在从事种植业、林业、畜牧业和渔业生产过程中，对遭受自然灾害、意外事故疫病、疾病等保险事故所造成的经济损失提供保障的一种保险。农业保险按农业种类不同分为种植业保险、养殖业保险；按危险性质分为自然灾害损失保险、病虫害损失保险、疾病死亡保险、意外事故损失保险；按保险责任范围不同，可分为基本责任险、综合责任险和一切险；按赔付办法可分为种植业损失险和收获险。

1. 桃生产可利用的农业保险

（1）农作物保险。农作物保险以经济作物为对象，以各种作物在生长期间因自然灾害或意外事故使收获量价值或生产费用遭受损失为承保责任的保险。在作物生长期间，其收获量有相当部分是取决于土壤环境和自然条件、作物对自然灾害的抗御能力、生产者的培育管理。因此，在以收获量价值作为保险标的时，应留给被保险人自保一定成数，促使其精耕细作和加强作物管理。如果以生产成本为保险标的，则按照作物在不同时期、处于不同生长阶段投入的生产费用，采取定额承保。

（2）收获期农作物保险。收获期农作物保险以粮食作物或经济作物收割后的初级农产品价值为承保对象，即是作物处于晾晒、脱粒、烘烤等初级加工阶段时的一种短期保险。

2. 农业保险的经营

农业保险是为国家的农业政策服务，为农业生产提供风险保障；农业保险的经营原则是：收支平衡，小灾略有结余丰年加快积累，以备大灾之年，实现社会效益和公司自身经济效益的统一。

政策性农业保险是国家支农惠农的政策之一，是一项长期的工作，需要建立长期有效的管理机制，公司对政策性农险长期发

展提出以下几点建议：要有政府的高度重视和支持；坚持以政策性农业保险的方式不动摇；政策性农险的核心是政府统一组织投保、收费和大灾兜底，保险公司帮助设计风险评估和理赔机制并管理风险基金；出台相应的政策法规，做到政策性农险有法可依；各级应该加强宣传力度，使农业保险的惠农支农政策家喻户晓，以下促上；农业保险和农村保险共同发展。农村对保险的需求空间很大，而且还会逐年增加，农业保险的网络可以为广大农村提供商业保险供给，满足日益增长的农村保险需求，使资源得到充分利用；协调各职能部门关系，建立相应的机构组织，保证农业保险的顺利实施；其次各级财政部门应该对下拨的财政资金最好进行省级直接预拨，省级公司统一结算，保证资金流向明确，足额及时，保证操作依法合规；长期坚持农作物生长期保险和成本保险的策略；养殖业保险以大牲畜、集约化养殖保险为主。但不能足额承保，需给投保人留有较大的自留额，同时，要实行一定比例的绝对免赔率。

三、桃规模生产的资金借贷

随着农业现代化的发展，农业生产单位所需资金不断增加，发放农业贷款的机构、项目、数量也显著增加。有的国家不但商业银行、农业专业银行和信用合作组织发放，同时，政府还另设专门的农贷机构提供。贷款期限先是短期，以后又增加中期、长期。贷款项目也多种多样，如生产资料的购置，农田水利基本建设，农产品加工、贮藏、运销，以及农民家计、农村公共设施建设等。这里主要介绍农户小额贷款。

农户小额信用贷款是指农村信用社为了提高农村信用合作社信贷服务水平，加大支农信贷投入，简化信用贷款手续，更好的发挥农村信用社在支持农民、农业和农村经济发展中的作用而开办的基于农户的信誉，在核定的额度和期限内向农户发放的不需要抵押、担保的贷款。它适用于主要从事农村土地耕作或者其他与农村经济发展有关的生产经营活动的农民、个体经营户等。

1. 贷款简介

小额贷款目前可在邮储银行和农村信用社办理。具体办理情况可到当地柜台咨询。以邮储银行小额贷款为例，邮储银行小额贷款品种有农户联保贷款、农户保证贷款、商户联保贷款和商户保证贷款四种。农户贷款指向农户发放用于满足其农业种养殖或生产经营的短期贷款，由满足条件（有固定职业或稳定收入）的自然人提供保证，即农户保证贷款；也可以由 3 ~5 户同等条件的农户组成联保小组，小组成员相互承担连带保证责任，即农户联保贷款。商户贷款指向微小企业主发放的用于满足其生产经营或临时资金周转需要的短期贷款，由满足条件的自然人提供保证，即商户保证贷款；也可以由 3 户同等条件的微小企业主组成联保小组，小组成员相互承担连带保证责任，即商户联保贷款。

农户保证贷款和农户联保贷款单户的最高贷款额度为 5 万元，商户保证或联保贷款最高金额为 10 万元。期限以月为单位，最短为 1 个月，最长为 12 个月。还款方式有一次性还本付息法、等额本息还款法、阶段性等额本息还款法等多种方式可供选择。

2. 贷款由来

为支持农业和农村经济的发展，提高农村信用合作社信贷服务水平，增加对农户和农业生产的信贷投入，简化贷款手续。根据《中华人民共和国中国人民银行法》《中华人民共和国商业银行法》和《贷款通则》等有关法律、法规和规章的规定，农村信用社于 2001 年推出一种新兴的贷款品种——农户小额信用贷款。农户小额信用贷款是指农村信用社基于农户的信誉。在核定的额度和期限内向农户发放的不需抵押、担保的贷款。

3. 贷款模式

4 种贷款模式及担保方式：农户小额贷款最头疼的还是担保

问题。目前，主要有 4 种可操作模式。

第一种是“公司 + 农户”。由公司法人为紧密合作的农户贷款提供保证，如公司定向收购农户农产品、农户向公司购货并销售的情况。

第二种是“担保公司 + 农户”。由担保公司为农户提供保证担保，主要适用于农业龙头公司、经济合作社等，在他们推荐或承诺基础上，经担保公司认可，为此类农户群体提供担保。

第三种是农户之间互相担保、责任连带。一般 3 人及以上农户组成一个小组，一户借款，其他成员联合保证，在贷款违约对债务承担连带责任。这种方式适用于经该行认定的专业合作社，及今年该行确定的信用村范围内的社员或村民。

第四种是房地产抵押、林权质押以及自然人保证等灵活方式来解决担保问题。所谓自然人保证，即保证人要求是政府公务员、金融保险、教师、律师、电力、烟草等具有稳定收入的正式在职人员或个私企业主。

4. 贷款发放

（1）已被评为信用户的农户持本人身份证和《农户贷款证》到信用社办理贷款，填写《农户借款申请书》。

（2）信贷内勤人员认真审核《农户借款申请书》《农户贷款证》及身份证等有效证件，与《农户经济档案》进行核实。

（3）信贷内勤人员核实无误后，办理借款手续，与借款人签订《农村信用社农户信用借款合同》，交给信用社会计主管审核无误后，发放贷款。

（4）信贷内勤人员同时登记《农户贷款证》和《农户经济档案》。

（5）借款人必须在《农户借款申请书》《农村信用社农户信用借款合同》《借款借据》上签字并加按手印。

5. 贷后管理

信用社要设立《农户贷款证登记台账》，由信贷内勤负责登记。并且《农户贷款证登记台账》《农户贷款证》和《农户经济档案》三者的记载必须真实、一致。信用社对贷款要及时检查，对可能发生的风险要及时采取措施，对已经发生的风险要及时采取保全措施确保信贷资金安全。

第四节 果品价格与销售

一、桃价格变动的信息获得

1. 桃价格波动的规律

目前，影响价格变动的因素，主要有以下几方面。

(1) 国家经济政策。虽然国家直接管理和干预农产品价格的种类已经很少，但是国家政策，尤其是经济政策的制定与改变，都会对农产品价格产生一定的影响。

①国民经济发展速度：如果工业增长过快，农业增长相对缓慢。则造成农产品供给缺口拉大，必然引起农产品价格上涨；相反农产品增长过快，供给加大，则农产品价格下降。

②国家货币政策：国家为了调整整个国民经济的发展，经常通过调整货币政策来调控国家经济。其表现为，如果放开货币投放，使货币供给超过经济增长，货币流通超出市场商品流通的需要量，将引起货币贬值，农产品价格上涨；如果为抑制通货膨胀，国家可以采取紧缩银根的政策，控制信贷规模，提高货币存贷利率，减少市场货币流量，农产品价格就会逐渐回落。多年来，国家在货币方面的政策多次变动，都不同程度地影响农产品价格。

③国家进出口政策：国家为了发展同世界各国的友好关系，

或者为了调节国内农产品的供需，经常会有农产品进出口业务的发生，如粮食、棉花、肉类等的进出口。农产品的进出口业务在我国加入世界贸易组织之后，对农产品的价格会带来很大影响。

④国家或地方的调控基金的使用：农产品价格不仅关系到农民的收入和农村经济的持续发展，还关系到广大消费者的基本生活，因此国家或地方政府就要建立必要的稳定农产品价格的基金。这部分基金如何使用，必然会影响到农产品的价格。除上述之外，还有其他一些经济政策，如产业政策、农业生产资料供应政策等，都会不同程度地影响着农产品的价格。

（2）农业生产状况。农业生产状况影响农产品价格，首先是指我国农业生产在很大程度上还受到自然灾害的影响，风调雨顺的年份，农产品丰收，价格平稳；如遇较大自然灾害时，农产品歉收，其价格就会上扬。其次，我国目前的小生产与大市场的格局，造成农业生产结构不能适应市场需求的变化，造成农产品品种上的过剩，使某些农产品价格发生波动。再次，就是农业生产所需原材料涨价，引起农产品成本发生变化而直接影响到农产品价格。

（3）市场供需。绝大部分农产品价格的放开，受到市场供需状况的影响。市场上农产品供求不平衡是经常的，因此，必然引起农产品价格随供求变化而变化。尤其当前广大农民对市场还比较陌生，其生产决策总以当年农产品行情为依据，造成某些农产品经常出现供不应求或供过于求的情况，其结果引起农产品价格发生变动。

（4）流通因素。自改革开放以来，除粮、棉、油、烟叶、茶、木材以外，其他农副产品都进入各地的集贸市场。因当前市场法规不健全，导致管理无序，农副产品被小商贩任意调价，同时，农产品销售渠道单一，流通不畅通，客观上影响着农产品的销售价格。

（5）媒体过度渲染。市场经济条件下，影响人们对农产品价格预期形成的因素多种多样。其中，媒体宣传可能会在人们形成对某种农产品价格一致性预期方面产生显著的影响。

从根本上来说，人们对农产品价格预期的形成，来源于自己所掌握的信息及其对信息的判断。当市场信息反复显示：某种农产品价格在不断地上涨，或者在持续地下跌，这时人们就会形成农产品价格还将上涨的预期或者还将下跌的预期。

在信息化时代，人们生活越来越离不开媒体及其信息传播。我国农产品市场一体化程度已经很高，媒体如果过度渲染，人们就会强化某种农产品价格的预期，产生的危害可能更大。媒体反复传播某地某种农产品价格上涨或者下跌，人们对价格还将上涨或者下跌的预期可能会不断增强而产生恐慌心理，采取非理性行为。

2. 桃价格变动信息获取

农业生产是自然再生产与经济再生产相交织的过程，存在着自然与市场（价格）的双重风险。随着我国经济的发展，农民收入波动在整体上已经基本摆脱自然因素的影响，而主要受制于市场价格的不确定性。价格风险对农民来说，轻则收入减少，削弱发展基础；重则投资难以收回，来年生产只得靠借债度日。农产品价格风险主要源于市场供求变化和政府政策变动的影响。因此，对农民进行价格和政策的信息传播，使农民充分了解信息，及时调整生产策略和规避风险，显得尤为重要。要实现这一目的，首先要回答在信息多样化、传播渠道多元化的环境下，农民获取信息的渠道是什么？

（1）传统渠道。根据山东省、山西省和陕西省827户农户信息获取渠道的调查数据的分析结果表明，无论是获取政策等政府信息，还是获取市场信息，农民获取的渠道主要是电视、朋友和村领导，信息渠道结构表现为高度集中化、单一化。在获取政策

等政府信息时，有 74.4% 的农民首选的渠道是电视，其次是村领导和朋友，分别为 55% 和 38.4%。在获取市场信息时，有 56.6% 的农民首选的渠道是朋友。再次才是电视和村领导，分别为 49.3% 和 19.4%。农村中的其他传媒如报纸、广播、互联网等的作用微乎其微。

（2）信息化时代渠道。近年来，国家和省级开始建立农业信息发布制度，规范发布标准和时间，农业信息发布和服务逐步走向制度化、规范化。农业部初步形成以“一网、一台、一报、一刊、一校”（即中国农业信息网、中国农业影视中心、农民日报社、中国农村杂志社和中央农业广播电视学校）等“五个一”为主体的信息发布窗口。多数省份着手制定信息发布的规章制度，对信息发布进行规范，并与电视、广播、报刊等新闻媒体合作，建立固定的信息发布窗口。这也成为农民获取农产品价格信息的主要渠道。

①通过互联网络获得信息：农业部已建成具有较强技术支持和服务功能的信息网络（中国农业信息网），该网络布设基层信息采集点 8 000多个，建立覆盖 600 多个农产品生产县的价格采集系统，建有 280 多个大型农产品批发市场的价格即时发布系统，拥有 2.5 万个注册用户的农村供求信息联播系统，每天发布各类农产品供求信息 300 多条，日点击量 1.5 万次以上。农业部全年定期分析发布的信息由 2001 年的 255 类扩大到 285 类。全国 29 个省（市、区）、1/2 的地市和 1/5 的县建成农业信息服务平台，互联网络的信息服务功能日益强大。例如，江苏省丰台中华果都网面向种养大户、农民经纪人发展网员 2 000名，采取“网上发信息．网下做交易”的形式开展农产品销售，两年实现网上销售 3.5 亿元。此外，如农产品价格信息网（www.3w3n.com）、中国价格信息网（www.chinapyice.gov.cn）、中国农产品交易网（www.aptc.cn）、新农网（www.xinnong.com）、心欣农产品服务平台（www.xinxinjiage. com)、中国经济网实时农产品价格平台（www. ce. cn/cycs/ncp)、金农网（www. agvi. com. cn)、中国惠农网（www. cnhnb. com)、中国企业信息在线网（www. nvx - xzx. com）等也是农民获取小麦价格信息的渠道。

②通过有关部门与电视台合作开办的栏目获得信息：一些地方结合现阶段农村计算机拥有率低，而电视普及率较高的实际，发挥农业部门技术优势、电视部门网络优势和农业网站信息资源优势，实施农技“电波入户”工程，提高农技服务水平和信息入户率。

③通过有关部门开办电话热线获得信息：有的地方把农民急需的新优良种、市场供求、价格等信息汇集起来并建成专家决策库，转换成语音信息，通过语音提示电话或专家坐台咨询等方式为农户服务。

④通过“农信通”等手机短信获得信息：借鉴股票机的成功经验，在农村利用网络信息与手机、寻呼机相结合开展信息服务，仍有一定的开发空间。河南省农业厅、联通河南分公司、中国农网联袂推出“农信通”项目信息服务终端每天可接受2万余字农业科技、市场、文化生活信息，并可通过电话与互联网形成互动，及时发布农产品销售信息，专业大户依据需求还可点播、定制个性化信息。

⑤通过乡村信息服务站获得信息：一些地方通过建设信息人乡进村服务站，既向农民提供市场价格、技术等信息服务，又提供种苗、农用物资等配套服务，实现信息服务和物资服务的结合。

⑥通过中介组织获得信息：中介服务组织依托农业网站发布信息，既发挥网络快捷、信息量大的优势，又发挥中介组织经验丰富、客户群体集中的长处，成为今后农村信息服务的重要形式。

⑦通过“农民之家”获得信息：“农民之家”主要依托农业

技术部门在县城内开设信息、技术咨询门市部，设立专业服务柜台及专家咨询台，并开通热线电话，实现农技服务由机关式向窗口式转变。

二、桃规模生产的销售策略

1. 专业市场销售

专业市场销售，即通过建立影响力大、辐射能力强的农产品专业批发市场，来集中销售农产品。一是政府开办的农产品批发市场，由地方政府和国家商务部共同出资参照国外经验建立起来的农产品专业批发市场，如郑州小麦批发市场。二是自发形成的农产品批发市场，一般是在城乡集贸市场基础上发展起来的，如山东寿光蔬菜批发市场。三是产地批发市场，是指在农产品产地形成的批发市场，一般生产的区位优势和比较效益明显，如山东金乡的大蒜批发市场。四是销地批发市场，是指在农产品销售地，农产品营销组织将集货再经批发环节，销往本地市场和零售商，以满足当地消费者需求，如郑州万邦国际果品物流城。

专业市场销售以其具有的诸多优势越来越受到各地的重视具体而言，专业市场销售集中、销量大，对于分散性和季节性强的农产品而言，这种销售方式无疑是一个很好的选择。对信息反应快，为及时、集中分析、处理市场信息，作出正确决策提供了条件。能够在一定程度上实现快速、集中运输，妥善储藏，加工及保鲜。解决农产品生产的分散性、地区性、季节性和农产品消费集中性、全国性、常年性的矛盾。

2. 产地市场

产地市场是指农产品在生产当地进行交易的买卖场所，又称农产品初级市场。农产品在产地市场聚集后，通过集散市场（批发环节）进入终点市场（城市零售环节）。我国的农村集镇大多数是农产品的产地市场。产地市场大多数是在农村集贸市场基础上发展起来的。但产地市场存在交易规模小，市场辐射面小，产品销售区域也小，不能从根本上解决农产品卖难、流通不畅的社会问题，需要政府出面开办农产品产地批发市场。

3. 农业会展

农业会展以农产品、农产品加工、花卉园艺、农业生产资料以及农业新成果新技术为主要内容，主要包括有关农业和农村发展的各种主题论坛、研讨会和各种类型的博览会、交易会、招商会等活动，具有各种要素空间分布的高聚集型、投入产出的高效益型、经济高关联性等特点，是促进消费者了解地方特色农产品和农业对外交流与合作的现代化平台。如中国国际绿色食品博览会等。农业会展经济源于农产品市场交换，随着市场经济的发展而日益繁荣，是农业市场经济和会展业发展到一定阶段的产物。农民朋友可利用各种展会渠道，根据自身需要，积极参加农业会展，推介自己特色农产品。

4. 销售公司销售

销售公司销售，即通过区域性农产品销售公司，先从农户手中收购产品，然后外销农户和公司之间的关系可以由契约界定，也可以是单纯的买卖关系。这种销售方式在一定程度上解决了“小农户”与“大市场”之间的矛盾。农户可以专心搞好生产，销售公司则专职从事销售，销售公司能够集中精力做好销售工作，对市场信息进行有效分析、预测。销售公司具有集中农产品的能力，这就使得对农产品进行保鲜和加工等增值服务成为可能，为农村产业化的发展打下良好基础。

5. 专业合作组织销售

专业合作组织销售，即通过综合性或区域性的社区合作组织。如流通联合体、贩运合作社、专业协会等合作组织销售农产品。购销合作组织为农民销售农产品，一般不采取买断再销售的方式，而是主要采取委托销售的方式。所需费用，通过提取佣金

和手续费解决。购销合作组织和农民之间是利益均摊和风险共担的关系，这种销售渠道既有利于解决“小农户”和“大市场”之间的矛盾，又有利于减小风险。购销组织也能够把分散的农产品集中起来，为农产品的再加工、实现增值提供可能，为产业化发展打下基础。目前，流行的“农超对接”的最基本模式就是“超市＋农民专业合作社”模式。专业合作社和超市是“农超对接”的主体，专业合作社同当地的农民合作，来帮助超市采购产品。正是由于专业合作社和大型超市的发展才使得“农民直采”的采购模式得以发展。

除此之外，农超对接还有以下几种模式：一是“超市＋基地/自有农场”模式。是指大型连锁超市走到地头去直接和农产品的专业合作社对接，建立农产品直接采购基地，实现大型连锁超市与鲜活农产品产地的农民或专业合作社产销对接。二是“超市＋龙头企业＋小型合作社＋大型消费单位/社区”模式。这种模式的一个重要中介是龙头企业。农民合作社一方面组织农户进行规模化、标准化生产；另一方面积极联络龙头企业，通过龙头企业对农产品进行加工、包装，把农产品的生产销售企业化，然后通过大型超市最终把产品流通到消费者手中。如可通过这种模式与高校食堂、大型饭店、宾馆进行合作。三是“基地＋配送中心＋社区便利店”模式。这种模式主要面对距离大型连锁超市比较远的消费者，以连锁社区便利店为主导，通过建立农产品的配送中心，与农产品的生产基地或者和当地的农民合作社直接对接。

6. 农户直接销售

农户直接销售，即农产品生产农户通过自家人力、物力把农产品销往周边地区。作为其他销售方式的有效补充，这种模式销售灵活，农户可以根据本地区销售情况和周边地区市场行情，自行组织销售。农民获得的利益大。农户自行销售避免了经纪人、中间商、零售商的盘剥，能使农民朋友获得实实在在的利益。

参考文献

陈敬谊 . 2016. 桃优质丰产栽培实用技术［M］. 北京：化学工业出版社 .

汪景彦，崔金涛 . 2016. 图说桃高效栽培关键技术［M］. 北京：机械工业出版社 .

张金云 . 2015. 桃优质高效栽培新技术［M］. 合肥：安徽科学技术出版社 .

张玉星 . 2005. 果树栽培学各论［M］. 北京：中国农业出版社.